Elektromechanik

Von Professor Dr.-Ing. Jürgen Meins
Technische Universität Braunschweig

Mit 176 Bildern

B. G. Teubner Stuttgart 1997

Die Deutsche Bibliothek – CIP-Einheitsaufnahme

Meins, Jürgen:
Elektromechanik / von Jürgen Meins.-
Stuttgart : Teubner, 1997
(Teubner Studienbücher : Maschinenbau, Elektrotechnik)

ISBN-13: 978-3-519-06358-2 e-ISBN-13: 978-3-322-89226-3
DOI: 10.1007/ 978-3-322-89226-3

Vorwort

Elektromechanische Energiewandler umfassen die Gebiete rotierender und linearer elektrischer Maschinen, magnetischer Lager und Zugmagnete sowie mechanischer Stelleinrichtungen. Allen Einrichtungen gemein ist die Umwandlung elektrischer in mechanische Energie. Der Umwandlungsprozeß erfolgt in vielen Fällen direkt, z.B. elektrisch → mechanisch bei einem Gleichstrommotor, bei einigen Ausführungen jedoch in Kombination mit Zwischenwandlerstufen, z.B. elektrisch → elektrisch bei Transformatoren, Frequenzumrichtern, Stromstellern oder aber mechanisch → mechanisch bei einem Getriebe. Die Umwandlung der Energie in Zwischenstufen dient dabei der Anpassung der Energieform auf der elektrischen oder aber auf der mechanischen Seite des Energiewandlers.

Die Anwendungsgebiete elektromechanischer Energiewandler sind vielfältig im Bereich der Energieerzeugung, der Energiespeicherung sowie der Antriebstechnik zu finden. Aber auch auf Komponentenebene finden elektromechanische Energiewandlungen statt, wie bei Relais, Schütze, Positioniereinrichtungen. Eine Beeinflussung des natürlichen Wandlerverhaltens bezüglich z.B. der Kraft/Strom- oder aber der Kraft/Weg-Kennlinie wird vielfach durch elektronische Stellglieder in Verbindung mit Regeleinrichtungen erreicht. Hierdurch kann sich jedoch das Betriebsverhalten vollständig verändern, so daß eine Betrachtung des Gesamtsystems erforderlich ist.

Einer für das generelle Verständnis hilfreichen Einführung folgen Darstellungen der grundlegenden Wirkungsweise unterschiedlicher Wandleranordnungen.
Die generelle Beschränkung auf das stationäre Betriebsverhalten der Wandler sowie die Ausklammerung einer Vielzahl bekannter Sonderbauformen erleichtert hierbei das wesentliche Verständnis.

Der Behandlung der "klassischen" rotierenden Maschinen folgen Abschnitte, in denen einige Sonderbauformen rotierender Maschinen, grundsätzliche Linearmotoranordnungen, sowie Magnetlager behandelt werden, um auch einen Einblick in moderne Wandleranordnungen zu geben.
Die Thematik elektromotorischer Antriebe wird durch die Behandlung grundsätzlicher Stromrichteranordnungen eingeleitet und schließt mit einem Einblick in statische und dynamische Stabilitätsbetrachtungen ab.

Dieses Lehrbuch wendet sich sowohl an Studierende des Maschinenbaus wie auch der Elektrotechnik, aber auch an Ingenieure in der Praxis.

Braunschweig im Juni 1997 J. Meins

Inhaltsverzeichnis

1 Grundlagen

Im folgenden werden einige für das Verständnis und die Anwendung elektrischer Maschinen und Schaltungsanordnungen wichtige Grundlagen wiederholt.
In Wechselstromnetzen mit komplexen Impedanzen ist die zwischen Spannungen und Strömen auftretende Phasenverschiebung zu berücksichtigen. Hier liefert die Zeigerdarstellung in einer komplexen Zahlenebene ein anschauliches Hilfsmittel.
Das magnetische Feld wird hinsichtlich seiner Abhängigkeit von geometrischen Randbedingungen, Wicklungsanordnungen und Strömen sowie Materialeigenschaften und bezüglich seiner Wirkung auf Kraftbildung und Spannungsinduktion behandelt.

1.1 Pfeilsysteme

Neben elektrischen Netzwerken lassen sich auch elektrische Maschinen bezüglich der Zusammenhänge zwischen Spannungen und Strömen durch Ersatzschaltbilder beschreiben. Die unterschiedlichen physikalischen Erscheinungen werden dabei durch konzentrierte Elemente (z.B. durch eine Induktivität als Symbol einer räumlich ausgedehnten Wicklung) angegeben. Im Hinblick auf die eindeutige formale Festlegung der Richtung des Energieflusses ist es hierbei wichtig, Vorzeichen und Bezugsrichtungen zu definieren. Es ist üblich, den Bezugssinn durch Pfeile anzugeben. Grundsätzlich dürfen die Zählrichtungen frei gewählt werden. Bei dem Verbraucherpfeilsystem nach Bild 1.1 haben Spannung und Strom den gleichen Bezugssinn. Die Leistung eines Verbrauchers ist positiv. Im Erzeugerpfeilsystem zeigen Spannung und Strom unterschiedliches Vorzeichen, die Leistung eines Erzeugers ist hierbei positiv, die eines Verbrauchers negativ.

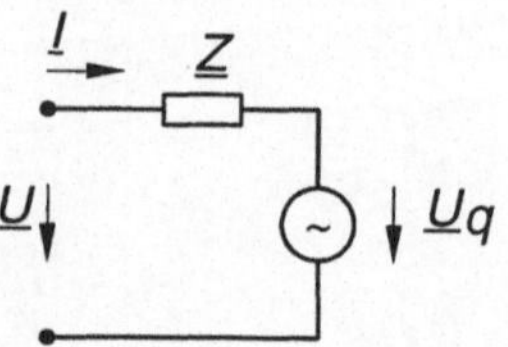

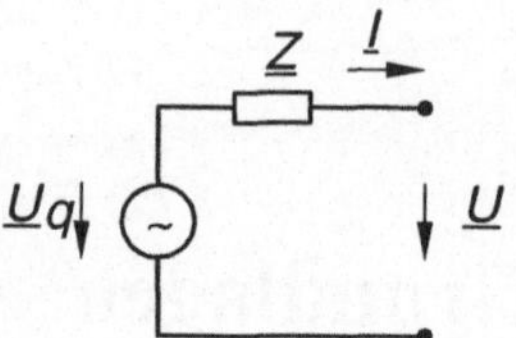

Bild 1.1:
Verbraucherpfeilsystem (VPS)

- *gleiche* Richtung für Spannung und Strom
- *aufgenommene* Leistung positiv

Bild 1.2:
Erzeugerpfeilsystem (EPS)

- *ungleiche* Richtung für Spannung und Strom
- *abgegebene* Leistung positiv

Im weiteren wird ausschließlich das VPS verwendet. In einem komplexen Koordinatensystem ergibt sich damit folgende Festlegung der Belastungsart entsprechend der Lage des Stromzeigers:

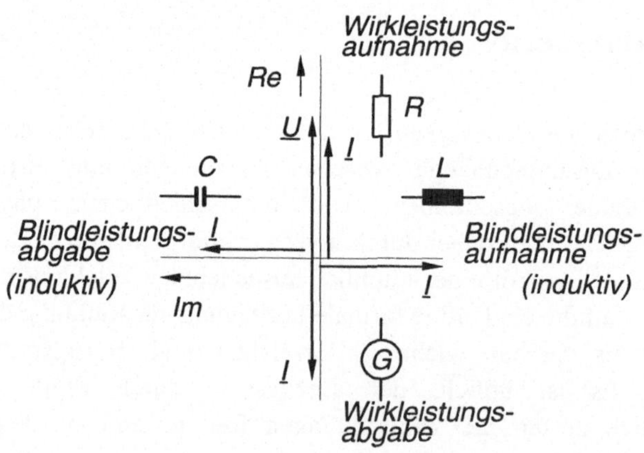

Bild 1.3:
Belastungsarten im Verbraucherpfeilsystem

1.2 Zeigerdarstellung

Um die rechnerischen Schwierigkeiten der Verknüpfung mehrerer sinusförmiger Größen mit unterschiedlicher Phasenlage zu umgehen, können Sinusgrößen durch Zeiger dargestellt werden. Somit ergibt sich für Spannung und Strom mit sinusförmiger Zeitabhängigkeit der Momentanwerte folgende Möglichkeit der Darstellung:

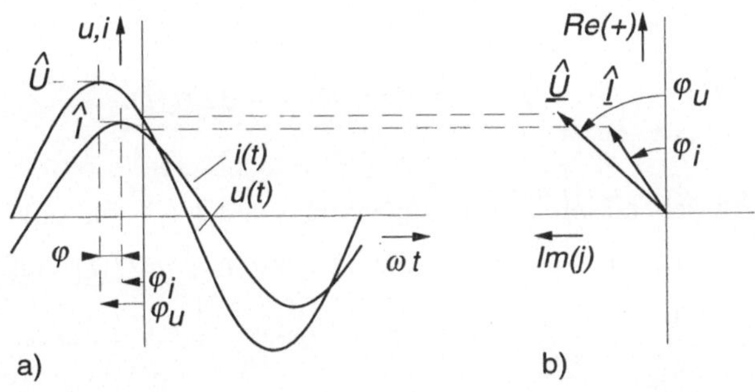

Bild 1.4:
Darstellung der Augenblickswerte
a) Zeitabhängigkeit b) Zeigerdarstellung

Für die Darstellung der Zeitabhängigkeit gilt:

$$u(t) = \hat{U}\cos(\omega t + \varphi_u)$$
$$i(t) = \hat{I}\cos(\omega t + \varphi_i) \tag{1.1}$$

φ_u, φ_i : Nullphasenwinkel
$\varphi = \varphi_u - \varphi_i$: Phasenverschiebung

Die Darstellung sinusförmig zeitabhängiger Größen durch Zeiger in einer komplexen Zahlenebene erfolgt durch Unterstrich und basiert auf folgenden Vereinbarungen:

Die komplexe Amplitude einer sinusförmigen Größe entspricht einem Zeiger mit einer Länge, die der Amplitude der Zeitfunktion entspricht und um den Nullphasenwinkel gegenüber der reellen Achse in mathematisch positivem Sinne gedreht ist.

$$\underline{\hat{U}} = \hat{U}\, e^{j\varphi_u} \tag{1.2}$$

Der komplexe Augenblickswert einer Sinusgröße mit der Kreisfrequenz ω ergibt sich zu

$$\underline{\hat{U}}(t) = \hat{U}\, e^{j\varphi_u} e^{j\omega t} = \underline{\hat{U}}\, e^{j\omega t} = \sqrt{2}\,\underline{U}\; e^{j\omega t} = \sqrt{2}\,\underline{U}(t). \tag{1.3}$$

Der Bezug zwischen komplexem Augenblickswert $\underline{\hat{U}}(t)$ und physikalischem Augenblickswert $u(t)$ wird durch die Projektion von $\underline{\hat{U}}(t)$ auf die reelle Achse hergestellt.

$$\begin{aligned} u(t) &= \mathrm{Re}\left\{\underline{\hat{U}}(t)\right\} = \mathrm{Re}\left\{\hat{U}\, e^{j\varphi_u} e^{j\omega t}\right\} \\ &= \hat{U}\cdot \mathrm{Re}\left\{\cos(\omega t + \varphi_u) + j\cdot \sin(\omega t + \varphi_u)\right\} \\ u(t) &= \hat{U}\cdot \cos(\omega t + \varphi_u) \\ &= \sqrt{2}\,U \cdot \cos(\omega t + \varphi_u) \end{aligned} \tag{1.4}$$

Maximalwertzeiger (z.B. $\underline{\hat{U}}$) berücksichtigen den zeitabhängigen Maximalwert, während Effektivwertzeiger (z.B. $\underline{U}$) in ihrer Länge dem Effektivwert entsprechen.

$$\underline{U} = \underline{\hat{U}}\sqrt{2} \tag{1.5}$$

Üblich ist die Verwendung von Effektivwertzeigern.

1.3 Komplexe Impedanz

Die komplexe Impedanz $\underline{Z}$ ergibt sich aus dem Quotienten von komplexer Spannung $\underline{U}(t)$ und komplexem Strom $\underline{I}(t)$. Durch die Division wird die Zeitabhängigkeit eliminiert, so daß $\underline{Z}$ eine zeitinvariante Größe darstellt.

$$\underline{Z} = \frac{\underline{U}(t)}{\underline{I}(t)} = \frac{\sqrt{2}\,U\,e^{\mathrm{j}\varphi u}\,e^{\mathrm{j}\omega t}}{\sqrt{2}\,I\,e^{\mathrm{j}\varphi i}\,e^{\mathrm{j}\omega t}} = \frac{U}{I}\;e^{\mathrm{j}(\varphi u - \varphi i)}$$

$$= Z\;e^{\mathrm{j}\varphi} = Z\,(\cos\varphi + \mathrm{j}\cdot\sin\varphi) \;\; = R + \mathrm{j}\,X \tag{1.6}$$

$$|\underline{Z}| = \sqrt{R^2 + X^2}$$

1.4 Leistungen

Der Momentanwert der Leistung ergibt sich aus dem Produkt der Momentanwerte von Spannung und Strom.

$$p(t) = u(t)\;i(t)$$

$$= \hat{U}\cos(\omega t + \varphi_u)\;\hat{I}\cos(\omega t + \varphi_i) \tag{1.7}$$

$$= 2U\,I\,\frac{1}{2}\left[\cos(\varphi_u - \varphi_i) + \cos(2\omega t + \varphi_u + \varphi_i)\right]$$

Dieser Ausdruck enthält einen Gleichanteil und einen mit der doppelten Kreisfrequenz zeitlich pulsierenden Wechselanteil. Hierbei beschreibt der Gleichanteil die Wirkleistung P_W, während die Amplitude des Wechselanteiles der Scheinleistung $\underline{S}$ entspricht.

$$
\begin{aligned}
P_W &= U\, I \cos(\varphi_u - \varphi_i) \\
S &= U\, I
\end{aligned}
\tag{1.8}
$$

Die direkte Bestimmung der Leistungen aus der Zeigerdarstellung von Strom, Spannung und Impedanz ist in vielen Fällen vorteilhaft, da sie auf die Rechnung mit komplexen Zahlen zurückgeführt wird.
Die Herleitung der Zusammenhänge erfolgt dadurch, daß entsprechend Gleichung (1.4) der Realteil einer komplexen Größe (z.B. von $\underline{U} = U\, e^{\mathrm{j}\alpha}$) durch Multiplikation mit der konjugiert komplexen Größe $\underline{U}^* = U\, e^{-\mathrm{j}\alpha}$ gebildet wird. Für die Darstellung der komplexen Leistungen folgt damit:

komplexe Scheinleistung:

$$
\begin{aligned}
\underline{S} &= \underline{U} \cdot \underline{I}^* = U\, e^{\mathrm{j}\varphi_U} \cdot I\, e^{-\mathrm{j}\varphi_I} \\
&= U\, I\, e^{\mathrm{j}(\varphi_U - \varphi_I)} = P + \mathrm{j}\, Q
\end{aligned}
\tag{1.9}
$$

Wirkleistung:

$$P = \mathrm{Re}\{\underline{S}\} = U\, I \cos\varphi \tag{1.10}$$

Blindleistung:

$$Q = \mathrm{Im}\{\underline{S}\} = U\, I \sin\varphi \tag{1.11}$$

Der Betrag der Scheinleistung ergibt sich damit zu:

$$S = |\underline{S}| = U\, I = \sqrt{P^2 + Q^2} \tag{1.12}$$

Die Festlegung des komplexen Koordinatensystems in der Zeichenebene ist willkürlich. Eine übersichtliche Darstellung ergibt sich, wenn die Richtung eines Zeigers mit einer Achse des Koordinatensystems zusammenfällt und in der waagerechten oder senkrechten Orientierung gezeichnet wird.
In dem in Bild 1.5 dargestellten Beispiel wurde der Spannungszeiger $\underline{U}$ in Richtung der reellen Achse gelegt. Der Zeiger des Stromes $\underline{I}$ eilt um den Winkel φ nach. Damit ergeben sich in diesem Fall bezüglich der Impedanzen und Leistungen folgende Ausdrücke:

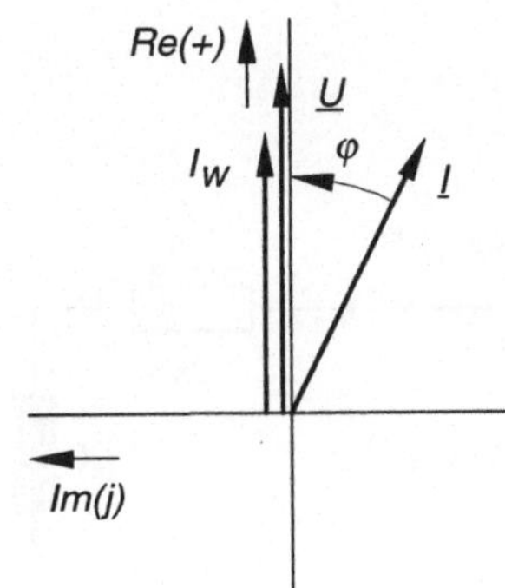

Bild 1.5:
Zeigerdiagramm ($\underline{U}$ in der reellen Achse)

Wirkwiderstand: $$R = \frac{U}{I} \cos\varphi$$

Blindwiderstand: $$\mathrm{j}\,X = \mathrm{j}\frac{U}{I} \sin\varphi$$

Wirkleistung: $$P = U\,I \cos\varphi = U\,I_W$$

Blindleistung: $$Q = U\,I \sin\varphi = U\,I_B$$

Scheinleistung: $$S = U\,I$$

Aufgabe 1:

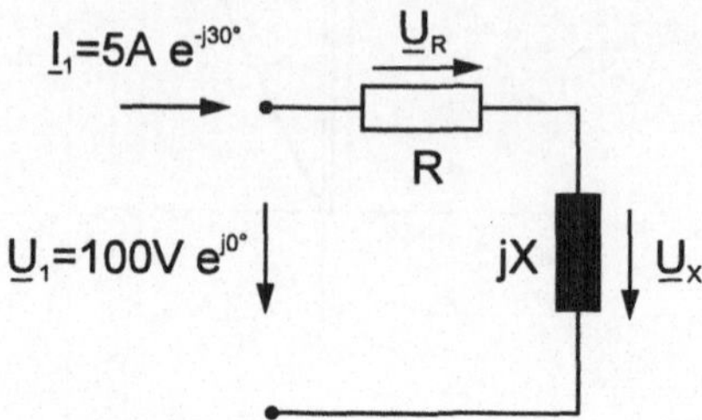

Eine passive ohmsch-induktive Last wird aus einer Wechselspannungsquelle $\underline{U}_1$ gespeist. Zu ermitteln sind:

- Zeigerdiagramm von Spannung und Strom
- Wirkleistung P
- Blindleistung Q
- Scheinleistung S
- Wirkwiderstand R
- Blindwiderstand $\mathrm{j}X$
- komplexe Impedanz $\underline{Z}$
- Zeigerdiagramm der Teilspannungen $\underline{U}_R$, $\underline{U}_X$

2 Magnetischer Kreis

Der magnetische Kreis ist ein wichtiges Element elektrischer Maschinen. In unterschiedlicher Konfiguration ist der magnetische Kreis Bestandteil von Rotor und Stator. Die Maschineneigenschaften hängen wesentlich von der Auslegung des magnetischen Kreises ab. Bedingt durch den - außer bei Verwendung von Supraleitern - unvermeidlichen elektrischen Widerstand ergeben sich die Wicklungsverluste zu

$$P_{Spule} = R_{Spule}\, I^2 \tag{2.1}$$

Das nachfolgende Bild 2.1 zeigt die Grundkonfiguration eines elektrisch erregten Magneten.

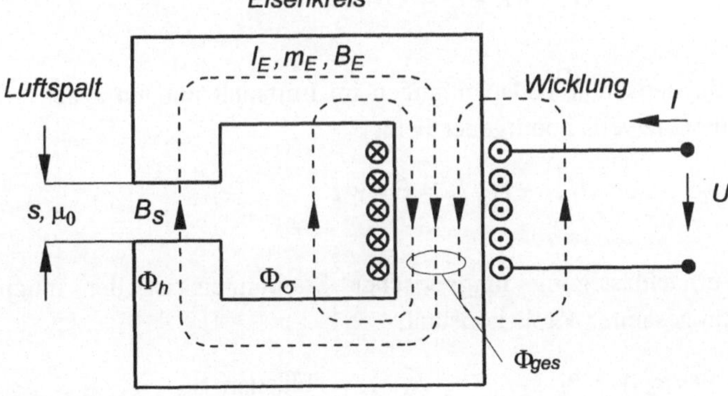

Bild 2.1:
Magnetkreis (elektrisch erregt)

Nachfolgende Gleichungen gelten unter der Voraussetzung, daß das magnetische Feld im Luftspalt s homogen verteilt ist, d.h., daß die magnetische Flußdichte B_S an allen Stellen des Luftspaltes gleich ist und keine Kanteneffekte auftreten. Bei vielen praktischen Anwendungen ist die magnetische Feldstärke H bereichsweise konstant, so daß das Durchflutungsgesetz in Form einer algebraischen Gleichung angegeben werden kann. Der Zusammenhang zwischen magnetischer Feldstärke H und magnetischer Flußdichte B ist im Eisen von der Materialkonstanten $\mu_E = \mu_r \mu_0$ abhängig. Die relative Permeabilität μ_r beschreibt die Magnetisierungs- und Sättigungseigenschaften des Eisens.

2.1 Magnetkreisberechnung

Die allgemeine Formulierung des Durchflutungsgesetzes lautet:

$$\oint \vec{H} \, \mathrm{d}\vec{s} = \iint \vec{S} \, \mathrm{d}\vec{A} \quad \text{(1. Maxwell - Gleichung)} \tag{2.2}$$

Wird sowohl im Bereich des Eisens als auch im Bereich des Luftspaltes ein homogenes Magnetfeld angenommen, so kann das Durchflutungsgesetz vereinfacht werden.

$$H_S \, s + H_E \, l_E = \Theta = w \, I \tag{2.3}$$

Für die magnetischen Teilspannungen im Luftspalt und im Eisen gilt unter der Annahme jeweils homogener Felder

$$H_S \, s + H_E \, l_E = \Theta = w \, I. \tag{2.4}$$

Unter Vernachlässigung magnetischer Streuungen ist der magnetische Fluß Φ im gesamten Kreis konstant.

$$\Phi = B_S \, A_S = B_E \, A_E \,, \qquad A_S, A_E = \text{ Flächen} \tag{2.5}$$

Die Materialeigenschaften werden hinsichtlich der magnetischen Leitfähigkeit durch folgende Zusammenhänge berücksichtigt:

$$B_S = \mu_0 \, H_S \qquad \text{(Luft)}$$

$$B_E = \mu_E H_E = \mu_r \mu_0 H_E \qquad \text{(Eisen)} \tag{2.6}$$

$$\mu_0 = 4\pi \, 10^{-7} \left[\frac{\text{Vs}}{\text{Am}} \right] \qquad \text{(abs. Permeabilität)}$$

Die relative Permeabilität μ_r ist eine dimensionslose Größe, deren Zahlenwert die magnetische Leitfähigkeit eines Stoffes bezogen auf den Wert von Luft ($\mu_{r\,\text{Luft}} = 1$) angibt.
Werden die Materialeigenschaften Gl.(2.6) in das Durchflutungsgesetz Gl.(2.4) eingesetzt, so folgt für die Flußdichte:

$$\frac{B_S}{\mu_0} s + \frac{B_E}{\mu_E} l_E = \Theta. \tag{2.7}$$

Sind die Flächen im Eisen und im Luftspalt gleich groß ($A_S = A_E$), so folgt mit Gl.(2.5) $B_S = B_E = B$ und damit für die Flußdichte B

$$B = \frac{\Theta}{\frac{s}{\mu_0} + \frac{l_E}{\mu_E}} = \frac{\mu_0 \Theta}{s + \frac{l_E}{\mu_r}} = \frac{\mu_0 \, \Theta}{s'} . \tag{2.8}$$

Es ist üblich den in Bild 2.1 angedeuteten Streufluß Φ_σ als σ – Anteil des Hauptflusses Φ_h anzugeben (σ = Streuziffer).

$$\begin{aligned} \Phi_h &= B_s A_s \quad (\textit{Hauptfluß}) \\ \Phi_\sigma &= \sigma \, \Phi_h \quad (\textit{Streufluß}) \end{aligned} \tag{2.9}$$

Der Zusammenhang zwischen magnetischem Fluß Φ und Induktivität L wird über die Flußverkettung Ψ hergestellt.

$$\Psi = w\Phi = LI \quad (w = \text{Windungszahl})$$

$$L = \frac{\Psi}{I} = \frac{w\Phi}{I} = \frac{wBA}{I} = \frac{w\mu_0 HA}{I} \tag{2.10}$$

$$L = \frac{w\mu_0 wIA}{Is} = \frac{w^2 \mu_0 A}{s} = w^2 \lambda$$

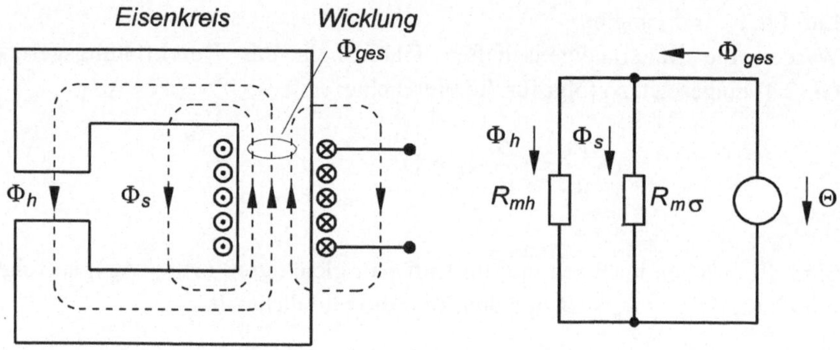

a) physikalische Anordnung

b) magnetisches ESB

Bild 2.2:
Ersatzschaltbild (ESB) des magnetischen Kreises

Mit der Einführung des magnetischen Widerstandes

$$R_m = \frac{1}{\lambda} = \frac{l}{\mu A} \tag{2.11}$$

läßt sich in Analogie zum elektrischen Kreis das ohmsche Gesetz des magnetischen Kreises angeben.

$$V = R_m \Phi \tag{2.12}$$

In Bild 2.2 ist die mechanische Anordnung eines magnetischen Kreises zusammen mit dem zugehörigen Ersatzschaltbild angegeben.

2.2 Sättigung

Oberhalb einer Flußdichte von etwa $B = 2{,}0\,\mathrm{T}$ nimmt die magnetische Leitfähigkeit des Eisens durch den Einfluß der Sättigung stark ab. Ursache hierfür ist die starke Abnahme der relativen Permeabilität μ_E.

$$\mu_E = \frac{B^*}{H^*} \tag{2.13}$$

Hierdurch ist die Anwendung höherer Flußdichten im Eisen begrenzt. Höhere Flußdichten bis etwa $10\,\mathrm{T}$ werden mit Luftspulen unter Verwendung von Supraleitern erzielt.

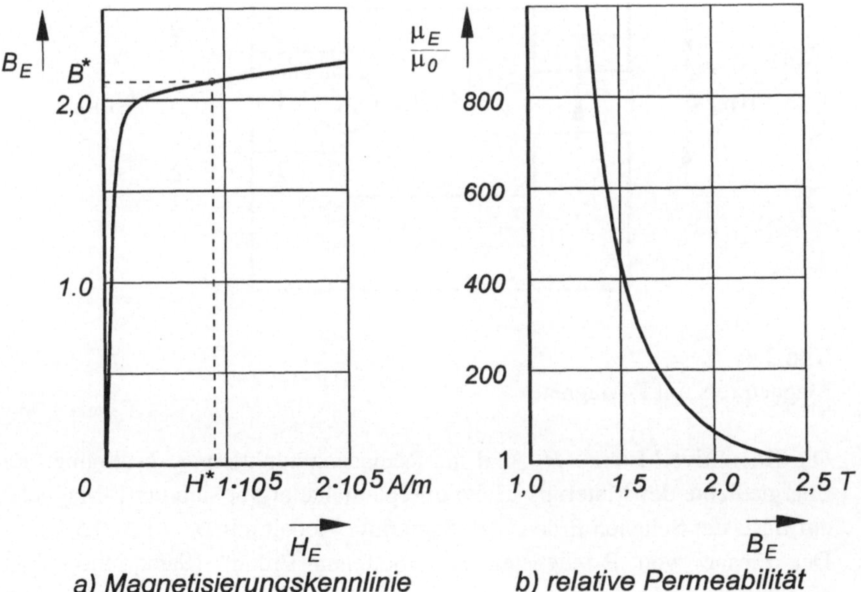

Bild 2.3:
Einfluß der Sättigung (Dynamoblech)

2.3 Permanentmagnete

Der Einsatz von Permanentmagneten (P-Magneten) gestattet die leistungslose Erregung der Luftspaltflußdichte B_S. Der P-Magnet verhält sich ähnlich einer Spule mit eingeprägter Durchflutung. Der Betrag der Durchflutung ergibt sich aus der $B(H)$-Kennlinie im zweiten Quadranten. Die grundsätzliche Anordnung für die Erregung eines magnetischen Feldes durch einen P-Magneten ist in Bild 2.4 dargestellt.

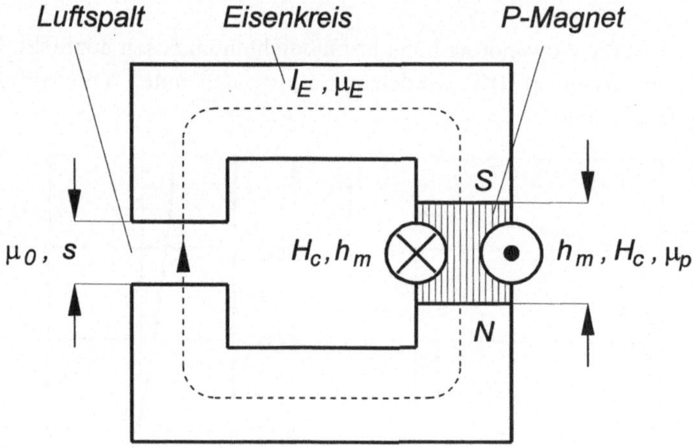

Bild 2.4:
Magnetkreis mit P-Magnet

Die Koerzitivfeldstärke H_C und die Remanenzinduktion B_r bestimmen die Energiedichte des Materials. Hohe Energiedichte ergibt sich bei P-Magneten auf Basis der Seltenen Erden (z.B. Samarium-Kobalt mit $B_r \approx 1{,}2 \ldots 1{,}5\,\mathrm{T}$).
Der Einsatz von P-Magneten aus "Seltenen Erden" (Samarium-Kobalt, Neodym-Eisen-Bor) bleibt wegen des hohen Materialpreises Sonderanwendungen vorbehalten, bei denen es auf hohe spezifische Leistungen ankommt. P-Magnete aus AlNiCo-Legierungen oder Barium- bzw. Strontium-Ferriten sind preiswerte Magnete geringeren Energieproduktes und eignen sich für den Einsatz in Großserien.

Durchflutungsgesetz:

$$H_s l_s + H_E l_E + H_M h_M = H_c h_M$$

(für Fläche = const. gilt: $B_S = B_E = B_M$)

$$B = \mu_0 \mu_r H$$

$$\frac{B_s}{\mu_0} s + \frac{B_s}{\mu_E} l_E + \frac{B_s}{\mu_p} h_M = \frac{B_r}{\mu_p} h_M$$

$$B_s \left(\frac{s}{\mu_0} + \frac{l_E}{\mu_E} + \frac{h_M}{\mu_p} \right) = B_r \frac{h_M}{\mu_p}$$

erzielbare Luftspaltinduktion:

$$B_s = B_r \frac{\frac{h_M}{\mu_p}}{\frac{h_M}{\mu_p} + \frac{l_E}{\mu_E} + \frac{s}{\mu_0}} = B_r \frac{1}{1 + \left(\frac{l_E}{\mu_E} + \frac{s}{\mu_0} \right) \frac{\mu_p}{h_M}}$$

Kennzeichnende Werte der Magnetwerkstoffe:

B_r: Remanenzinduktion (Induktion bei Luftspalt $s = 0$)

H_c: Koerzitivfeldstärke (äußere Feldstärke für $B = 0$)

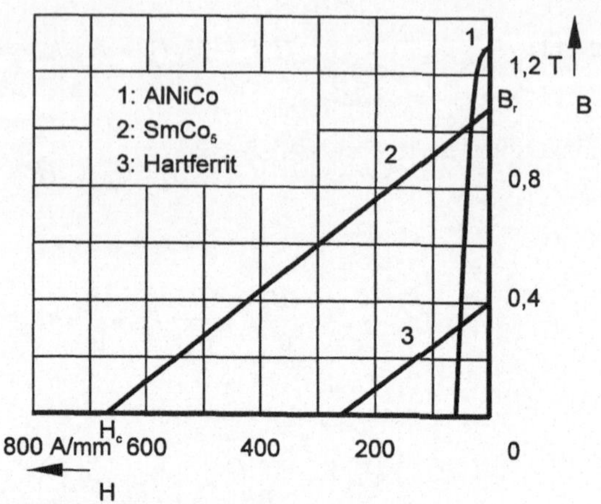

Bild 2.5:
Entmagnetisierungskurven verschiedener Permanentmagnetwerkstoffe

Aufgabe 2:

Folgender magnetischer Kreis soll berechnet werden:

Luftspalt	$s = 10\,\text{mm}$	Windungszahl	$w = 4$
Polbreite	$b = 20\,\text{mm}$	Strom	$I = 2{,}5\,\text{A}$
Schenkelbreite	$b/2 = 10\,\text{mm}$	Permeabilität	$\mu_E = 10.000\mu_0$
Tiefe	$d = 20\,\text{mm}$	Feldlinienlänge	$l_{E1} = 30\,\text{mm}$
		Feldlinienlänge	$l_{E2} = 100\,\text{mm}$

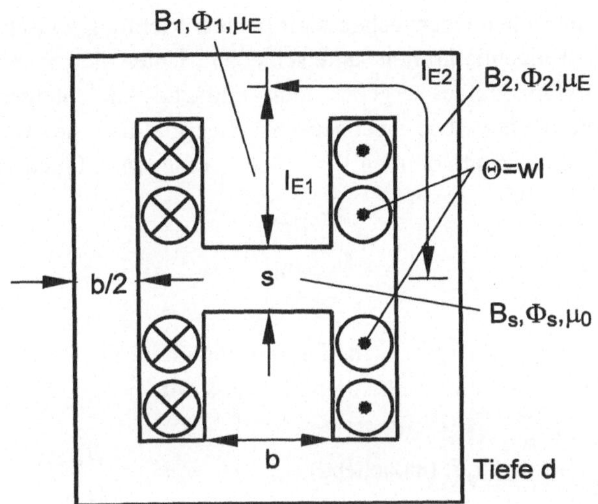

Bild A.2.1:
Magnetischer Kreis

Es ist folgendes zu ermitteln:

- Ersatzschaltbild des magnetischen Kreises
- Erregerdurchflutung Φ
- magnet. Widerstand R_{ms} im Luftspalt
- magnet. Widerstand R_{m1} im Eisen
- magnet. Widerstand R_{m2} im Eisen
- magnet. Feldstärke H_1
- magnet. Feldstärke H_S
- Fluß Φ_S im Luftspalt
- Flußdichte B_S im Luftspalt
- Fluß Φ_1 im Eisen
- Flußdichte B_1 im Eisen
- Fluß Φ_2 im Eisen
- Flußdichte B_2 im Eisen

2.4 Kräfte im magnetischen Kreis

Bei der Energiewandlung spielen Kraftwirkungen auf ferromagnetische Oberflächen oder auf stromdurchflossene Leiter im magnetischen Feld eine wichtige Rolle. Die Geschwindigkeit der Kraft bzw. der Bewegung ist Grundlage der mechanischen Leistung.

Von weiterer Bedeutung ist die Kraftdichte, welche bei vorgegebenem Drehmoment die Baugröße einer Antriebsmaschine bestimmt.

An ferromagnetischen Oberflächen wird je nach Richtung zwischen Normalkräften und Tangentialkräften unterschieden. Unter der Annahme eines homogenen Magnetfeldes ergeben sich einfache Gleichungen aus dem Energieerhaltungssatz. Die magnetische Energie ist proportional zum Quadrat der im Luftspaltvolumen $V = x\,b\,y$ vorhandenen Flußdichte.

$$W_m = \frac{B_s^2}{2\mu_0} l\,b\,s$$

Die Ableitung der Energie nach der jeweils interessierenden Koordinate ergibt die jeweils in dieser Richtung wirkende Kraft.

Normalkraft (anziehend): $$|F_y| = \frac{B_s^2}{2\mu_0} l\,b$$

Tangentialkraft (zentrierend): $$|F_x| = \frac{B_s^2}{2\mu_0} s\,b$$

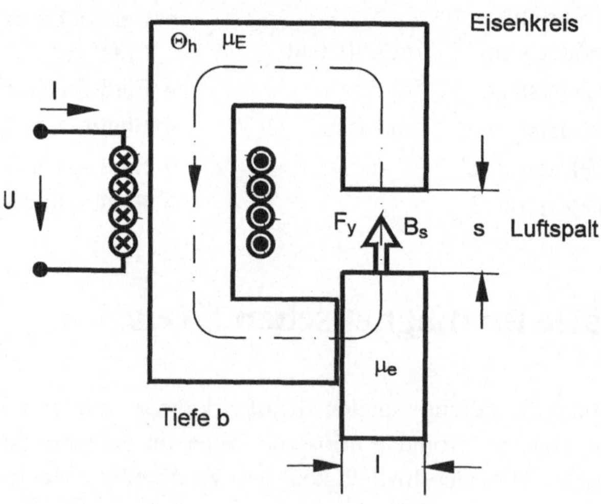

Bild: 2.6
Normalkraft F_y (anziehend)

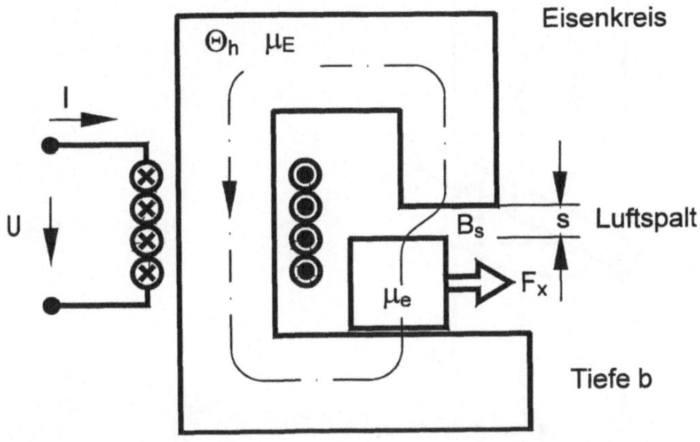

Bild: 2.7
Tangentialkraft F_X (zentrierend)

Die Wirkung anziehender ferromagnetischer Kräfte wird z.B. bei Hubmagneten genutzt. Andere Anwendungsbeispiele sind magnetische Lager.

2.5 Kräfte auf elektrische Leiter

Die in Bild 2.6 dargestellte Anordnung besteht aus einem Magnetkreis ähnlich Bild 2.8 zur Erzeugung eines homogenen Magnetfeldes im Luftspalt s.
Ist in dem magnetischen Luftspaltfeld ein stromdurchflossener elektrischer Leiter vorhanden, so wird auf ihn eine mechanische Kraft ausgeübt. Die Richtungen von Feld, Strom und Kraft stehen hierbei jeweils senkrecht zueinander.

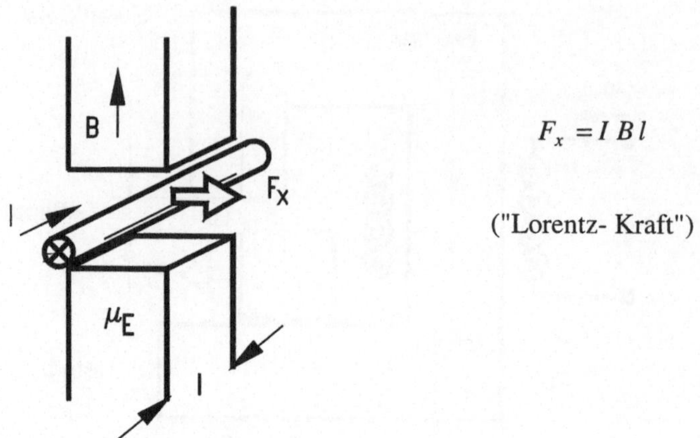

Bild: 2.8
Kraft auf einen stromdurchflossenen Leiter im Magnetfeld

2.6 Induktionsgesetz

Ein linienförmiger Leiter möge die Fläche A umschließen. Erfolgt eine zeitliche Änderung des die Fläche durchsetzenden homogenen magnetischen Flusses $\Phi_{(t)}{=}B_{(t)} \cdot A$, so wird in der Leiterschleife die Spannung U induziert.

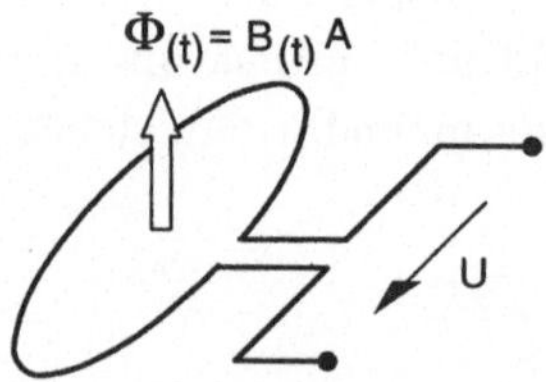

Bild: 2.9
Zum Induktionsgesetz

Umschließen w Leiter die Fläche A, so ergibt sich die induzierte Spannung U aus der Summe der in den w Leiterschleifen induzierten Teilspannungen zu

$$U = w\frac{\mathrm{d}\Phi}{\mathrm{d}t} = \frac{\mathrm{d}\Psi}{\mathrm{d}t}$$

Bei allgemeiner Betrachtung ist der magnetische Fluß Φ eine Funktion von Zeit, Strom und Ort (bewegter Leiter):

$$\mathrm{d}\Phi = \frac{\partial\Phi}{\partial t}\mathrm{d}t\,(\text{Zeit}) + \frac{\partial\Phi}{\partial i}\mathrm{d}i\,(\text{Strom}) + \frac{\partial\Phi}{\partial x}\mathrm{d}x\,(\text{Ort})$$

Damit folgt für die in einer Leiterschleife induzierte Spannung U_i

$$\begin{aligned} U_i = \; & +\frac{\partial\Phi}{\partial t} && \text{(transformatorisch induzierte Spannung)} \\ & +\frac{\partial\Phi}{\partial i}\cdot\frac{\mathrm{d}i}{\mathrm{d}t} && \text{(Selbstinduktionsspannung; } \frac{\partial\Phi}{\partial i} = L\text{)} \\ & +\frac{\partial\Phi}{\partial x}\cdot\frac{\mathrm{d}x}{\mathrm{d}t} && \text{(Bewegungsspannung; } \frac{\partial\Phi}{\partial x}\cdot\frac{\mathrm{d}x}{\mathrm{d}t} = B\,l\,v\text{)} \end{aligned}$$

Im Verbraucherpfeilsystem treten diese Spannungsterme als Gegenspannung zur außen angelegten Spannung auf.

3 Zugmagnete

Elektromagnete finden in der Technik vielfach Anwendung, wenn es um die Bereitstellung von Kräften zum Transport, zum Halten von Gegenständen oder um die Erzeugung von zeitlich wechselnden Kräften geht.

- Hubmagnete
  Heben von Lasten, Betätigung von Gestängen und Ventilen (Magnetventil, Relais etc.).
- Haltemagnete
  Festspannen magnetischer Teile zur Bearbeitung (Schleiftisch), Schließen eines Ruhestromkreises (Relais).
- Schwingmagnete
  Betrieb eines Rütteltisches, Durchführung von Schwinguntersuchungen, Zahnbürste, Rasierapparat.
- Trag - und Führmagnete
  Berührungsfreie Lagerung (Verkehrssysteme, rotierende Wellen, Beschichtung von Werkstücken).

Allen Magneten gemeinsam ist die Nutzung der anziehenden Kräfte zwischen ferromagnetischen Teilen, die sich im Einflußbereich eines magnetischen Feldes befinden. Die Beeinflussung des magnetischen Feldes und damit der Magnetkraft erfolgt in der Regel durch die Variation eines elektrischen Gleich- oder Wechselstromes. Aufgrund der unterschiedlichen Zusammenhänge zwischen Strom und Spannung bei Speisung mit Gleich- und Wechselstrom sind die Kraftkennlinien abhängig von der Art der Speisung.
Die allgemeine Struktur eines Magneten läßt sich aus dem elektrischen Ersatzschaltbild und aus den Magnetgleichungen ableiten.

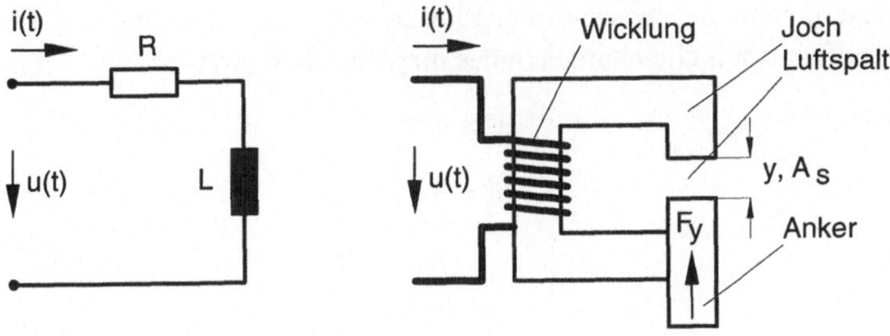

Bild 3.1:
Elektrisches Schaltbild eines Magneten

Spannungsgleichung:

$$u = R \cdot i + \frac{\mathrm{d}}{\mathrm{d}t}(L \cdot i) = R \cdot i + \dot{\Psi}$$

Unter Vernachlässigung des magnetischen Spannungsabfalles im Eisen ($\mu_{rFe} \to \infty$) wird die Induktivität beschrieben durch

$$L = w^2 \cdot \lambda = w^2 \mu_0 \frac{A_s}{y}$$

A_s: wirksame Fläche im Luftspalt
y: Luftspalt

Die Zugkraft ergibt sich aus der im Luftspalt vorhandenen magnetischen Energie.

$$F_y = \frac{\partial W_m}{\partial y} = \frac{\partial}{\partial y}\left(\frac{B^2}{2\mu_0} A_s\, y\right)$$

$$= \frac{B^2}{2\mu_0} A_s$$

Der Zusammenhang zwischen der Flußdichte B und der Flußverkettung Ψ ergibt sich aus den Gleichungen eines magnetischen Kreises.

$$\Psi = w\Phi$$

$$\Phi = B\,A_s$$

$$\Rightarrow \quad B = \frac{\Phi}{A_s} = \frac{\Psi}{w\,A_s}$$

Mit $\Psi = L \cdot i$ schließlich folgt für den Strom i

$$i = \frac{\Psi}{L} = \frac{\Psi}{w^2 \mu_0\, A_s \frac{1}{y}}$$

$$= \frac{\Psi}{w^2 \mu_0\, A_s}\, y$$

Die Verknüpfung zwischen den elektrischen Größen und der Mechanik erfolgt durch die Differentialgleichung der Bewegung.

$$m \cdot \ddot{y} = F_y - F_A$$

Eine anschauliche Darstellung des Elektromagneten erfolgt durch die Interpretation der Gleichungen in Form eines Blockbildes.

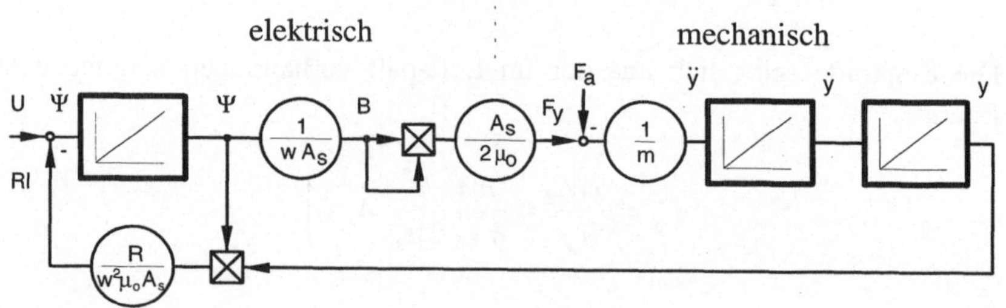

Bild 3.2:
Blockbild eines Elektromagneten

Die Darstellung in Bild 3.2 läßt erkennen, daß der Luftspalt y auf die elektrischen Größen zurückwirkt und die elektrischen Größen über die Kraftbildung ihrerseits auf den mechanischen Teil zurückwirken.
Insgesamt wird ein Elektromagnet somit durch ein System gekoppelter nichtlinearer Differentialgleichungen beschrieben.
Durch die Rückwirkung des Luftspaltes auf die Kraft (kleiner Luftspalt → große Kraft und umgekehrt) ist das natürliche Verhalten eines Elektromagneten durch Instabilität gekennzeichnet.
Während in vielen Fällen der Luftspalt y durch mechanische Begrenzungen definiert wird (z.B. Magnetventil, Relais), wird bei der berührungsfreien magnetischen Lagerung ferromagnetischer Körper eine Stabilisierung auf Basis regelungstechnischer Maßnahmen realisiert.

3.1 Gleichstrommagnete

Die stationäre Kraftbildung eines Gleichstrommagneten wird durch die Umformung der Gleichungen

$$F_y = \frac{B^2}{2\mu_0} \cdot A_s \ , \quad B = \frac{\Psi}{w A_s} \ , \quad \Psi = L I = w^2 \frac{\mu_0 A_s}{y} I$$

beschrieben.

$$F_y = \frac{A_s}{2\mu_0} \left(\frac{\Psi}{w A_s} \right)^2 = \frac{A_s}{2\mu_0} \left(\frac{L I}{w A_s} \right)^2$$

$$= \frac{A_s}{2} \mu_0 \left(\frac{\Theta}{y} \right)^2$$

Die statische Magnetkraft ist proportional zur wirksamen Luftspaltfläche sowie quadratisch von der Erregerdurchflutung Θ und dem Kehrwert des Luftspaltes abhängig. Bild 3.3 zeigt beispielhaft die Kennlinien eines Gleichstrommagneten. Als Folge der ausgeprägten Spaltabhängigkeit nimmt die Magnetkraft für einen kleinen Luftspalt einen großen Wert an.

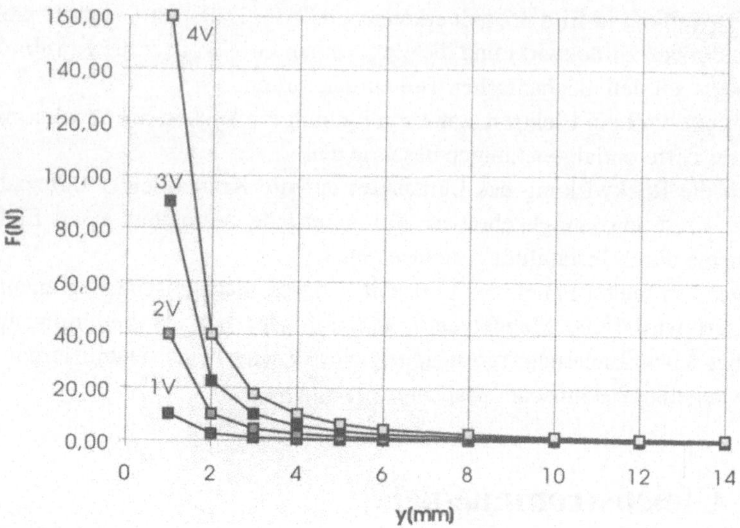

Bild 3.3:
Zugkraftkennlinien eines Gleichstrommagneten (ohne Berücksichtigung der magnetischen Sättigung)

3.2 Wechselstrommagnete

Bei der Ermittlung der stationären Kraftbildung eines Wechselstrommagneten ist zu berücksichtigen, daß der Magnetstrom und damit das Magnetfeld im wesentlichen nicht von dem ohmschen Widerstand der Wicklung, sondern von der Induktivität der Wicklung abhängig ist.

$$\underline{I} = \frac{U}{R + \mathrm{j}\,\omega L}; \quad |\underline{I}| = \frac{U}{\sqrt{R^2 + \omega^2 L^2}}$$

Aus der Flußverkettung Ψ wird die Induktion B ermittelt.

$$\Psi = L \cdot I; \qquad B = \frac{\Phi}{A} = \frac{\Psi}{w \cdot A}$$

Damit folgt für die magnetische Energie W_m und hieraus für die Kraft F_y:

$$W_m = \frac{B^2}{2\mu_o} A_s\, y$$

$$F_y = \frac{\partial W_m}{\partial y} = \frac{B^2}{2\mu_o} A_s \qquad = \frac{1}{2\mu_0} \cdot \frac{\Psi^2}{w^2 A_s^2} \cdot A_s$$

$$= \frac{1}{2\mu_0 w^2 A_s^2} \cdot L^2 I^2 A_s \qquad = \frac{1}{2\mu_0 w^2 A_s} \cdot L^2 \cdot \frac{U^2}{R^2 + \omega^2 L^2}$$

$$= \frac{1}{2\mu_0 w^2 A_s} \cdot U^2 \frac{L^2}{R^2 + \omega^2 L^2} = \frac{1}{2\mu_0 w^2 A_s} \cdot \frac{1}{\frac{R^2}{L^2} + \omega^2} \cdot U^2$$

Mit

$$L = w^2 \mu_0 \frac{A_s}{y}$$

folgt:

$$F_y = \frac{w^2 \mu_0 A_s}{2R^2} \cdot \frac{U^2}{y^2 + \frac{\omega^2 w^4 \mu_0^2 A_s^2}{R^2}}$$

$$F_y = k_1 \frac{U^2}{y^2 + k_2}$$

Die Darstellung der Kraftkennlinie eines Wechselstrommagneten in Bild 3.4 läßt erkennen, daß die Abhängigkeit der Kraft F_y vom Luftspalt y weniger stark ausgeprägt ist.

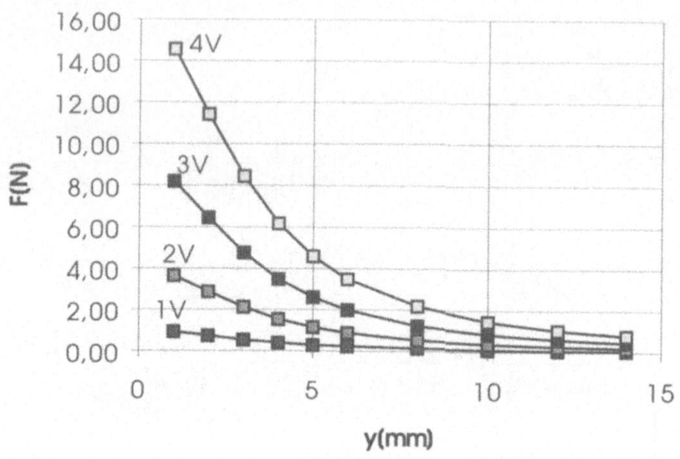

Bild 3.4:
Zugkraftkennlinien eines Wechselstrommagneten (ohne Berücksichtigung der magnetischen Sättigung)

Die physikalische Erklärung für diesen Effekt ist die Tatsache, daß mit sich verringerndem Luftspalt die Induktivität zunimmt und als Folge hiervon der in der Wicklung fließende Strom abnimmt. Der daraus resultierende gegenläufige Effekt führt zu einer Vergleichmäßigung der Kraftkennlinie.
Als weiterer Effekt ist zu berücksichtigen, daß die Magnetkraft zeitlich schwankt. Unter Annahme einer zeitlich sinusförmig verlaufenden Spannung ergibt sich ohne Berücksichtigung von Eisen-Sättigungseffekten der in Bild 3.5 dargestellte Verlauf. Es ist eine zeitlich sinusförmige Wechselkraft mit der doppelten Frequenz der Speisespannung wirksam.
Da die Maximalkraft F_{max} durch die Eisensättigung bei einer gegebenen Auslegung begrenzt ist, weisen Wechselstrommagnete im Vergleich zu Gleichstrommagneten stets eine geringere Zugkraft auf. Im Betrieb macht sich die Wechselkraft unangenehm bemerkbar, da der Anker des Wechselstrommagneten Schwingungen ausführt. Die Lebensdauer wird herabgesetzt.

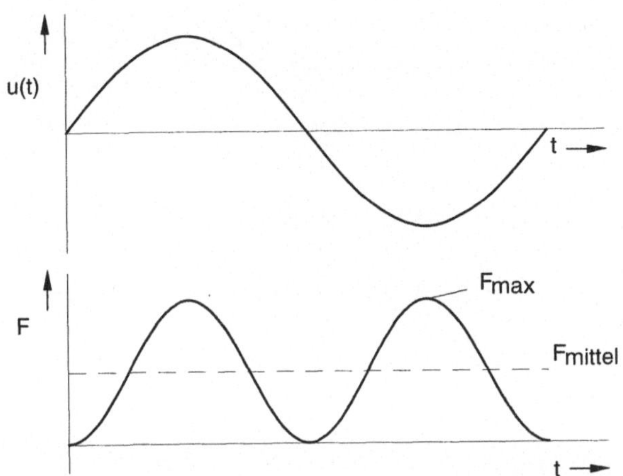

Bild 3.5:
Kraftverlauf eines Wechselstrommagneten

Durch Anbringen einer Kurzschlußwicklung (Spaltpolmagnet) kann der Einphasenmagnet zu einem Mehrphasenmagnet gestaltet werden. Durch die zeitliche Phasenverschiebung der magnetischen Flüsse in den einzelnen Schenkeln ergibt sich eine Verringerung des Wechselkraftanteiles.

3.3 Anwendungsbeispiele

In Bild 3.6 ist der Schnitt eines Gleichstrom-Magneten für eine Anwendung als Zugmagnet zur Betätigung mechanischer Einrichtungen (z.B. Ventilbetätigung, Verriegelung, Gestängebetätigung) dargestellt.
Bei glatter Gestaltung von Anker und Pol ergibt sich die in Bild 3.3 dargestellte nichtlineare Kraftkennlinie, so daß der Hub des Ankers auf einige mm beschränkt ist. Eine Linearisierung der Kraftkennlinie kann durch spezielle Formgestaltung (z.B. Konusform) erreicht werden, so daß auch bei einem Luftspalt von $s \approx 40\,\text{mm}$ noch nennenswerte Magnetkräfte erzeugt werden können.

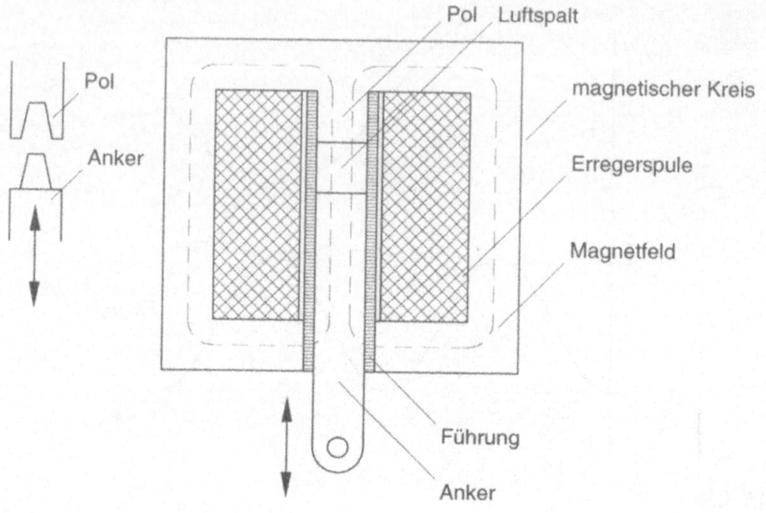

Bild 3.6:
Gleichstrom-Zugmagnet

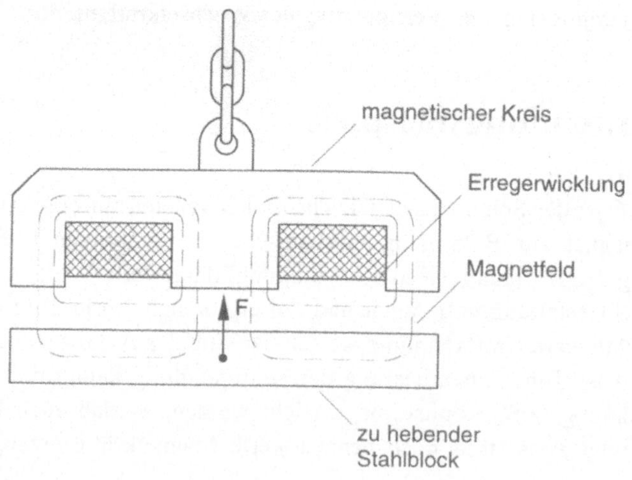

Bild 3.7:
Lasthebemagnet

Bild 3.7 zeigt den Querschnitt eines Lasthebemagneten, wie er in der stahlverarbeitenden Industrie zum Transport von Stahlblöcken, Flachstahl, Schrott, Gußteilen etc. verwendet wird.
Bei einer angenommenen Flußdichte von $B = 1\,\mathrm{T}$ ergibt sich bezogen auf die aktive Eisenfläche eine Kraftdichte von

$$F' = \frac{B^2}{2\mu_0} = \frac{1^2}{2 \cdot 4\pi \cdot 10^{-7}} \left(\frac{\mathrm{Vs}}{\mathrm{m}^2}\right)^2 \frac{\mathrm{A\,m}}{\mathrm{Vs}}$$

$$= 0{,}4 \cdot 10^6 \,\frac{\mathrm{N}}{\mathrm{m}^2} = 400\,\frac{\mathrm{kN}}{\mathrm{m}^2}$$

Bei einem angenommenen Durchmesser von $D = 0{,}5\,\mathrm{m}$ wird sich somit eine Tragkraft in der Größenordnung von $F \approx 40\,\mathrm{kN}$ ergeben.

Andere Anwendungen von Zugmagneten ergeben sich in der Relaistechnik. Obwohl das Relais mittlerweile vielfach durch rein elektronische Schalter abgelöst wird, kommt ihm z.B. bei sicherheitsrelevanten elektrischen Schaltern eine besondere Bedeutung zu, da sich eine galvanische Öffnung eines Schalters nur mit einem mechanischen Relais realisieren läßt. Zudem ist es mit einer Mehrfach-Kontaktanordnung möglich, den jeweils aktuellen Schaltzustand eines Relais zu überprüfen. Aus der Vielzahl der möglichen konstruktiven Lösungen, die sich auch funktionell unterscheiden können (ungepoltes Relais, gepoltes Relais, Stromstoßrelais, Steuerrelais), ist in Bild 3.8 das Flachrelais dargestellt.

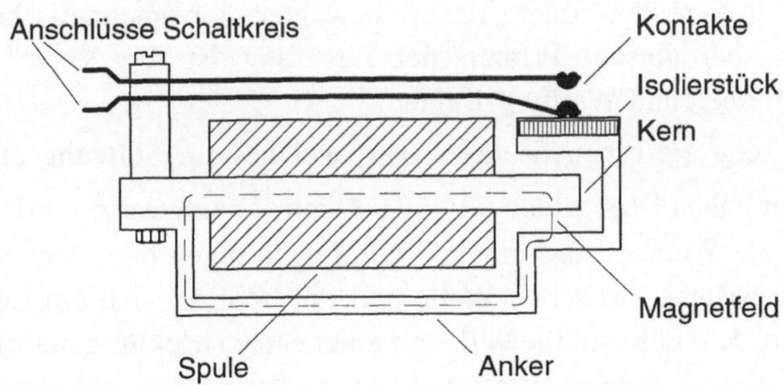

Bild 3.8:
Flachrelais

Eine im Zuge der Miniaturisierung bedeutungsvolle Bauform des Relais ist das Reedrelais. Es eignet sich für den direkten Einsatz in gedruckten Schaltungen und zeichnet sich wegen der geringen Masse durch extrem kurze Schaltzeiten ($t_s \approx 1$ ms) bei jedoch geringen Schaltleistungen aus. In Bild 3.9 ist der prinzipielle Aufbau dargestellt.

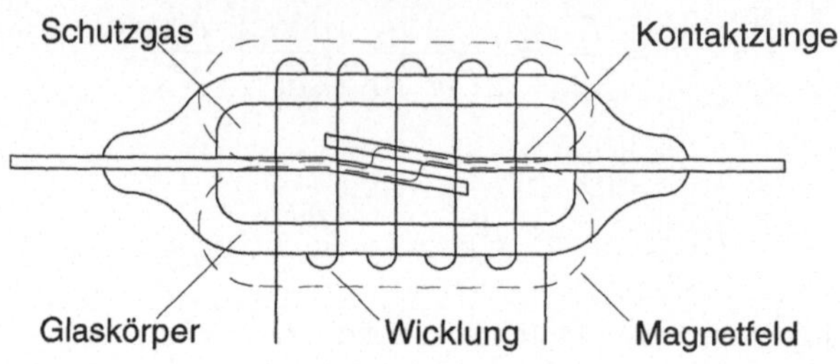

Bild 3.9:
Reedrelais

In einem mit Schutzgas gefüllten Glaskörper sind mindestens zwei federnde ferromagnetische Kontaktzungen direkt eingeschmolzen. Wird eine um den Glaskörper gewickelte Spule (Wicklung) elektrisch erregt, bildet sich ein Magnetfeld aus. Das zwischen den Kontaktzungen im Innern des Glaskörpers verlaufende Feld führt zu anziehenden Kräften und damit zum Schließen des elektrischen Kontaktes.

Eine weitere Anwendung von Magneten schließlich ist die berührungsfreie Lagerung rotierender oder linear bewegter ferromagnetischer Körper. Vorteilhaft bei diesem Prinzip der Lagerung ist die Verschleißfreiheit, Geräuschfreiheit und Wartungsfreiheit.

Bild 3.10 zeigt ein magnetisches Lager, welches zur Stützung magnetischer Wellen mit hohen Drehzahlen ($n \geq 10.000\ \text{min}^{-1}$) eingesetzt wird.

Zentrisch zur Welle ist das magnetische Lager angeordnet, welches z.B. aus vier Polen besteht. Zwischen Welle und Pol befindet sich ein Luftspalt von etwa 1 mm. Die Pole sind jeweils mit einer Steuerwicklung versehen, so daß sich bei entsprechender Erregung im Luftspalt ein magnetisches Feld ausbildet.

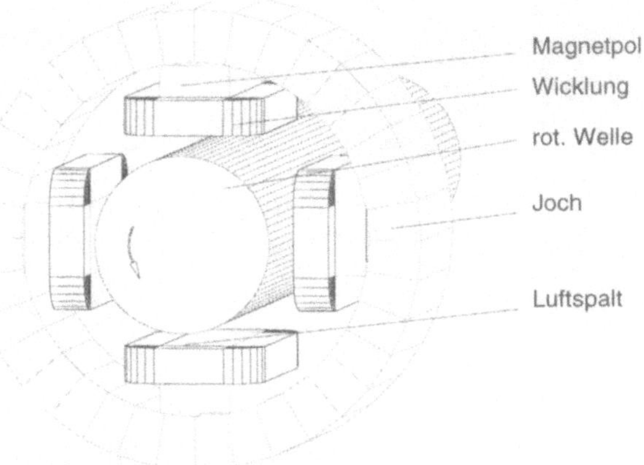

Bild 3.10:
Magnetisches Lager für rotierende Wellen

Die Richtung und Amplitude der aus dem Luftspaltfeld resultierenden Kraft kann durch geeignete Stromführung in den Steuerspulen beeinflußt werden. Aufgrund der instabilen Kraftcharakteristik (siehe Bild 3.3) ist es jedoch erforderlich, eine aktive Luftspaltregelung einzusetzen.
Die berührungsfreie Lagerung linear bewegter ferromagnetischer Körper findet z.B. in der Verkehrstechnik auf dem Gebiet der Magnetschwebebahn Anwendung. Bild 3.11 zeigt eine Magnetanordnung, bei der beidseitig längs des Fahrweges jeweils eine U-förmig ausgebildete Schiene angeordnet ist. Unterhalb der Schiene befinden sich in einem Abstand von etwa 10 mm die mit dem Fahrzeug verbundenen ebenfalls U-förmig ausgebildeten Magnetanordnungen. Die Erregung der Magnete kann entweder ausschließlich durch eine elektrische Wicklung oder aber durch eine Kombination von Permanent-Magnet und Steuerwicklung gebildet werden. Im letzteren Fall würde die Auslegung so erfolgen, daß der P-Magnet die Grunderregung liefert und durch die Steuerwicklung dieser Grunderregung die zur Stabilisierung erforderliche Steuererregung überlagert wird. Als Vorteil würde sich bei dem Einsatz von P-Magneten eine deutliche Verringerung der in den Wicklungen umgesetzten Verluste ergeben.
Die auf die Tragkraft bezogenen Wicklungsverluste betragen ohne den Einsatz von P-Magneten etwa $P \approx 1\,\mathrm{kW/t}$.

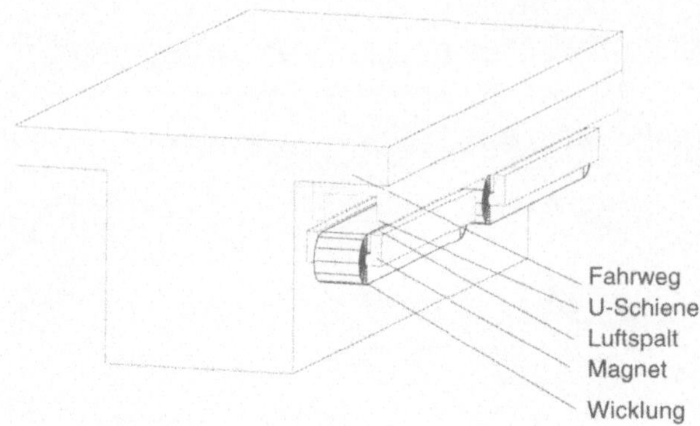

Bild 3.11:
Tragmagnetanordnung für ein Verkehrssystem

In Bild 3.12 ist eine mögliche Kombination von P-Magnet und Steuerwicklung zur Erzeugung des magnetischen Luftspaltfeldes angegeben.

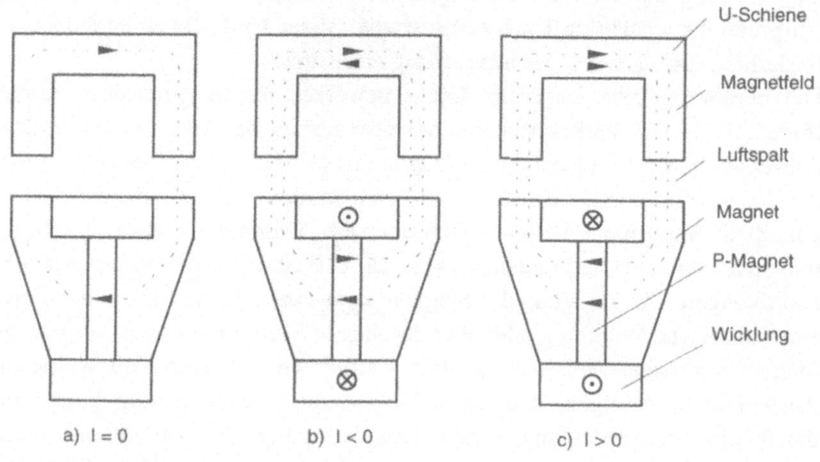

Bild 3.12:
Kombination von P-Magnet und Steuerwicklung

Je nach Richtung des in der Steuerwicklung fließenden Stromes wird das Luftspaltfeld und damit die Magnetkraft geschwächt oder verstärkt.
Da das natürliche Verhalten der Magnetanordnung eine instabile Kraftkennlinie aufweist (siehe Bild 3.3), ist zur Stabilisierung eine aktive Magnetlageregelung erforderlich.

4 Transformatoren

Die Wirkungsweise eines Transformators beruht auf dem Spannungsterm des Induktionsgesetzes, welcher die transformatorisch induzierte Spannung bei Auftreten eines sich zeitlich ändernden Flusses beschreibt. Eine Anordnung von zwei getrennten Wicklungen auf einem geschlossenen Eisenkreis bildet das Grundkonzept eines Einphasentransformators.

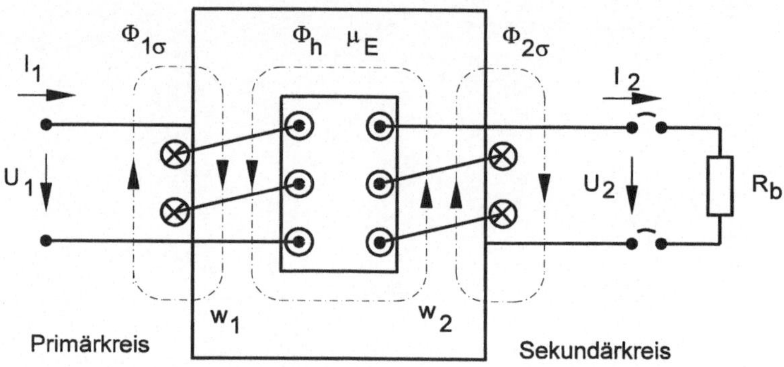

Bild 4.1:
Einphasentransformator

4.1 Ausführungsformen

Grundsätzlich besteht ein Transformator aus einem Eisenkreis mit mindestens zwei auf den Schenkeln angeordneten Wicklungssystemen. Übliche Bauformen sind in Bild 4.2 dargestellt.

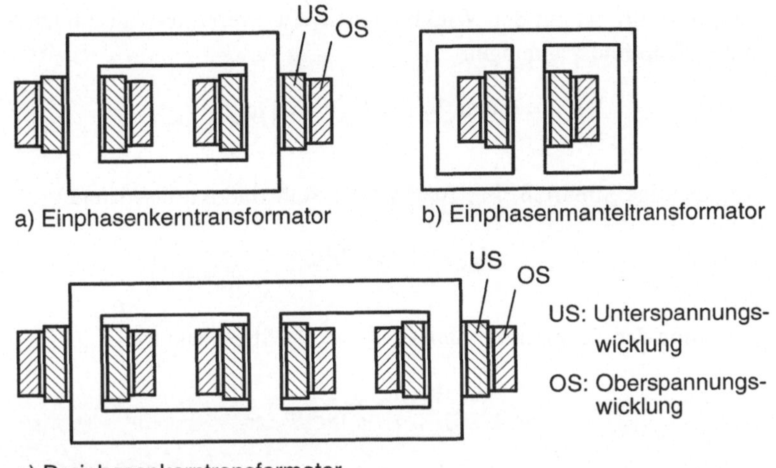

Bild 4.2:
Transformatorbauformen

Die Wicklungen sind als Zylinderspulen übereinander angeordnet. Bei Hochspannungstransformatoren sind mit Rücksicht auf die Isolationseigenschaften die Oberspannungswicklungen außen und die Unterspannungswicklungen innen angeordnet.
Ein Drehstromtransformator kann grundsätzlich aus drei einzelnen Einphasentransformatoren zusammengesetzt werden. Primär- und Sekundärwicklung können hierbei in Stern- oder in Dreieckschaltung, die Sekundärwicklung zusätzlich auch in „Zick-Zack-Schaltung" betrieben werden (Transformatorenbank). Einfacher jedoch läßt sich ein Drehstromtransformator auf einem Eisenkern realisieren (Bild 4.2).

4.2 Ersatzschaltbild

Bei offenen Sekundärklemmen ($\underline{I}_2 = 0$) erregt der Wechselstrom $\underline{I}_1$ den zeitlich sinusförmigen Wechselfluß

$$\underline{\Phi}_1 = \underline{\Phi}_h + \underline{\Phi}_{1\sigma}$$

Der Hauptfluß $\underline{\Phi}_h$ ist mit den Wicklungen w_1, w_2 verkettet und induziert in diesen die Hauptfeldspannungen

$$\underline{U}_{1h} = \mathrm{j}\, w_1 \omega\, \underline{\Phi}_h\,, \quad \underline{U}_{2h} = \mathrm{j}\, w_2\, \omega\, \underline{\Phi}_h$$

Der primärseitige Streufluß $\underline{\Phi}_{1\sigma}$ führt zu der Selbstinduktionsspannung

$$\underline{U}_{1\sigma} = \mathrm{j}\, w_1\, \omega\, \underline{\Phi}_{1\sigma}$$

Mit Definition der Streuinduktivität $L_{1\sigma}$ bzw. der Streureaktanz $X_{1\sigma}$

$$L_{1\sigma} = \frac{w_1\, \Phi_{1\sigma}}{I_1}\,, \quad X_{1\sigma} = \omega\, L_{1\sigma}$$

ergeben sich folgende Leerlaufspannungsgleichungen:

$$\underline{U}_1 = (R_1 + \mathrm{j}\, X_{1\sigma})\, \underline{I}_1 + \underline{U}_{1h}\,, \qquad \underline{U}_2 = \underline{U}_{2h}$$

Bei sekundärseitiger Belastung des Transformators durch den Widerstand R_b ergibt sich ein zu $\underline{U}_2$ phasengleicher Strom

$$\underline{I}_2 = \underline{U}_2 / R_b$$

Mit dem für die Sekundärseite eingeführten Erzeugerpfeilsystem folgt damit die Spannungsgleichung:

$$\underline{U}_{2h} = (R_2 + \mathrm{j}\, X_{2\sigma})\, \underline{I}_2 + \underline{U}_2$$

Beide Spannungsgleichungen werden durch das Ersatzschaltbild Bild 4.3 erfüllt.

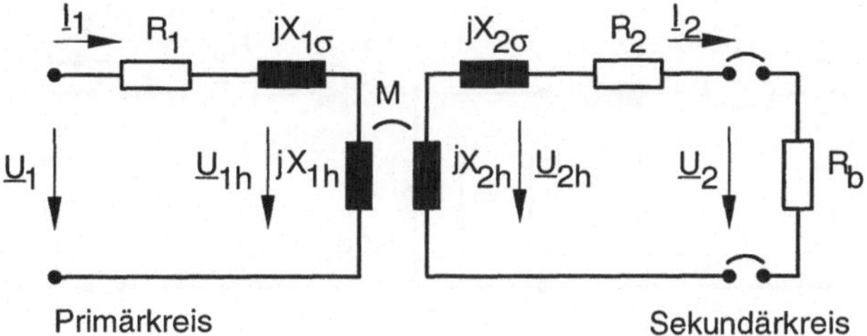

Bild 4.3:
Ersatzschaltbild Einphasentransformator

Eine Vereinfachung des Ersatzschaltbildes ist möglich, wenn die Spannungen von Primärseite und Sekundärseite durch Umrechnung gleichgesetzt werden. Üblich ist es, die Sekundärseite auf die Primärseite umzurechnen. Zu beachten ist hierbei, daß sämtliche Leistungen vor und nach der Umrechnung gleichbleiben müssen.

$$\underline{U}_2' = \frac{w_1}{w_2} \cdot \underline{U}_2, \qquad \underline{U}_{2h}' = \frac{w_1}{w_2} \cdot \underline{U}_{2h} = \underline{U}_{1h}$$

$$\underline{U}_2' \cdot \underline{I}_2' = \underline{U}_2 \cdot \underline{I}_2, \quad \underline{I}_2' = \underline{I}_2 \cdot \frac{\underline{U}_2}{\underline{U}_2'} = \underline{I}_2 \cdot \frac{w_2}{w_1}$$

Für die Impedanzen gilt:

$$R_2' \cdot \underline{I}_2'^2 = R_2 \cdot \underline{I}_2^2, \qquad R_2' = R_2 \cdot \left(\frac{\underline{I}_2}{\underline{I}_2'}\right)^2 = R_2 \cdot \left(\frac{w_1}{w_2}\right)^2, \qquad R_b' = R_b \left(\frac{w_1}{w_2}\right)^2,$$

$$X_{2\sigma}' \cdot \underline{I}_2'^2 = X_{2\sigma} \underline{I}_2^2, \quad X_{2\sigma}' = X_{2\sigma} \left(\frac{\underline{I}_2}{\underline{I}_2'}\right)^2 = X_{2\sigma} \cdot \left(\frac{w_1}{w_2}\right)^2$$

Diese Umrechnung erlaubt eine galvanische Verbindung zwischen Primär- und Sekundärkreis und führt zu dem Ersatzschaltbild Bild 4.4 .

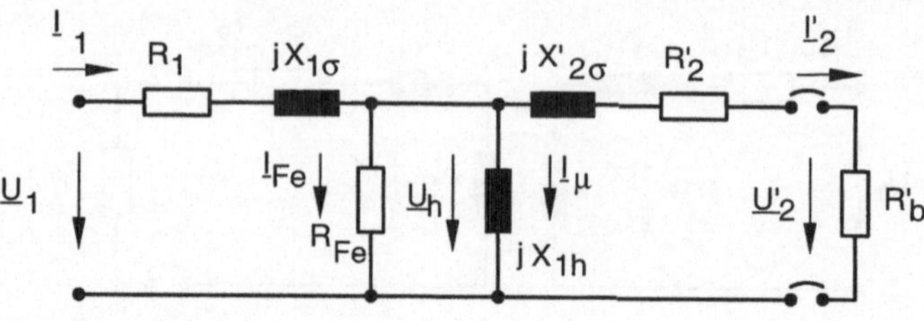

Bild 4.4:
Auf Primärseite umgerechnetes Ersatzschaltbild des Einphasentransformators

Die Reaktanz X_{1h} berücksichtigt hierbei den für den Hauptfluß $\underline{\Phi}_h$ erforderlichen Magnetisierungsstrom $\underline{I}_\mu$ Der fiktive Widerstand R_{Fe} führt zu dem Wirkstrom I_{Fe}. Die hiermit dargestellten Verluste erfassen die tatsächlich auftretenden Eisenverluste.

$$P_{Fe} = P_{Wirbel} + P_{Hysterese} = \frac{U_{1h}^2}{R_{Fe}}$$

Im allgemeinen sind der Magnetisierungsstrom $\underline{I}_\mu$ und der Wirkstrom I_{Fe} jedoch vernachlässigbar gering. Damit ergibt sich die in den meisten Fällen gültige und weiter vereinfachte Darstellung entsprechend Bild 4.5.

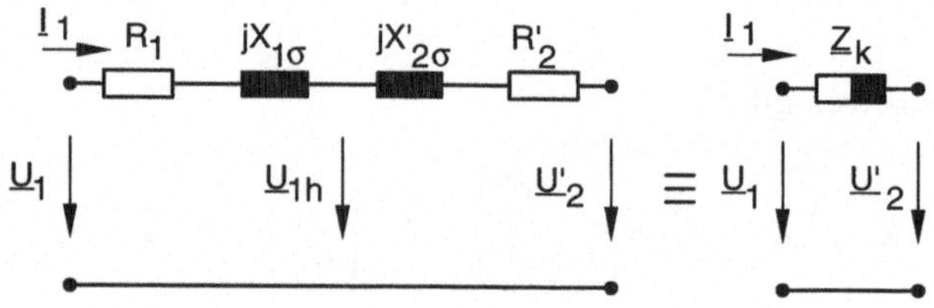

Bild 4.5:
Vereinfachtes Ersatzschaltbild Einphasentransformator

Mit Vernachlässigung der Querimpedanzen lassen sich die Längsimpedanzen zu der Trafoimpedanz $\underline{Z}_k$ zusammenfassen.

$$\underline{Z}_k = R_1 + R_2' + \mathrm{j}\,(X_{1\sigma} + X_{2\sigma}')$$
$$= R_k + \mathrm{j} X_k$$
$$Z_k = \sqrt{R_k^2 + X_k^2}$$

Die Messung der Impedanz $\underline{Z}_k$ des Trafos erfolgt durch primärseitige Speisung mit dem Nennstrom $\underline{I}_{1N}$ bei sekundärseitigem Kurzschluß.

Nennkurzschlußspannung: $\underline{U}_{1k} = \underline{Z}_k \cdot \underline{I}_{1N} \quad [V]$

rel. Kurzschlußspannung: $\underline{u}_{1k} = \dfrac{\underline{U}_{1k}}{U_{1N}} = \dfrac{\underline{Z}_k \cdot \underline{I}_{1N}}{U_{1N}} \quad [\%]$

4.3 Betriebsverhalten

Durch die symmetrische Phasenverschiebung der drei Phasenströme um jeweils 120° (zeitlich) ergibt sich zu jedem Zeitpunkt die Summe der drei magnetischen Flüsse zu Null. Damit entfällt die Notwendigkeit eines weiteren flußführenden Eisenschenkels. Die Anordnung der drei Eisenschenkel in einer Ebene führt zu unterschiedlichen Längen der Feldlinien und damit zu unterschiedlichen magnetischen Widerständen. Die hieraus resultierenden geringfügigen Unterschiede der Magnetisierungsströme sind in der Praxis vernachlässigbar.

Bei Drehstromtransformatoren unterscheidet man unterschiedliche nach VDE 0532 genormte Schaltgruppen. Je nach Schaltung von Primär- und Sekundärwicklung ergeben sich unterschiedliche Übersetzungsverhältnisse und gegenseitige Phasenwinkel.

Schaltgruppe Dy5 gibt z. B. folgendes an:

D: Primärseite in Dreieckschaltung

y: Sekundärseite in Sternschaltung

5: $5 \cdot 30° = 150°$ Phasennacheilung US zu OS

Grundsätzlich weisen die Spannungen der auf einem Trafoschenkel angeordneten Wicklungen jedoch gleiche Phasenlage auf, ihre Amplituden verhalten sich proportional zu den jeweiligen Windungszahlen. Der in den Transformatorschenkeln auftretende magnetische Wechselfluß induziert auch in dem elektrisch leitfähigen ferromagnetischen Material Ströme, die zu Wirbelstromverlusten führen. Um diesen Verlustanteil hinreichend gering zu halten, werden die Schenkel aus gegeneinander isolierten Dynamoblechen geschichtet. Mit den heute üblichen Blechdicken von $d \approx 0{,}3$ mm und kornorientiertem Material ergeben sich Verlustanteile im Eisen von etwa $0{,}85 \text{ bis } 0{,}95\ \text{W/kg}$. Der Wirkungsgrad von großen Transformatoren $(S > 100\ \text{kVA})$ beträgt $\eta > 0{,}97$.

Aufgabe 3:

Von einem Transformator sind folgende Nenndaten bekannt:
$U_{1N} = 220\ \text{V},\ I_{1N} = 10\ \text{A},\ w_1 = w_2$

Folgende Kurzschlußgrößen wurden durch Messung ermittelt:
$\underline{U}_k = 22{,}36\ \text{V},\ \underline{I}_k = 10\ \text{A}\ \mathrm{e}^{-\mathrm{j}\,63^\circ}$

Auf Basis des vereinfachten Ersatzschaltbildes sollen folgende Größen ermittelt werden:

a) Zeigerdiagramm entsprechend Kurzschlußmessung

b) Transformatorimpedanz $\underline{Z}_K,\ R_K,\ X_K$

c) ESB, Zeigerdiagramm der Spannungen und Ströme, sowie Strom $\underline{I}_1$ bei Speisung mit $\underline{U}_1 = 220\ \text{V}$ und Last $\underline{Z}_L = 19\ \Omega + \mathrm{j}\,8\ \Omega$

d) Transformatorstrom $\underline{I}_1$, Ausgangsspannung $\underline{U}_2$, sowie Wirk- und Blindleistungen entsprechend c)

5 Gleichstrommaschinen

5.1 Grundlagen

5.1.1 Bewegter Leiter im Magnetfeld

Beim Transformator befinden sich alle an der Umformung beteiligten Teile räumlich in Ruhe. Die zeitliche Änderung des magnetischen Flusses ergibt sich aus der zeitlichen Änderung der Wicklungsströme. Eine andere Form der zeitlichen Änderung des magnetischen Flusses resultiert bei zeitlich konstanter Flußdichte aus einer Änderung der Fläche (Bild 5.1).

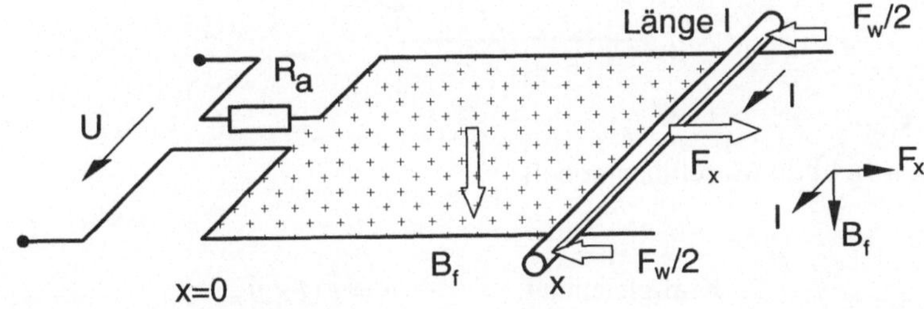

Bild 5.1:
Maschinenmodell

Dieses Modell zeigt eine Leiterschleife mit variabler umschlossener Fläche $A(t)$, welche einen Bereich zeitlich konstanter magnetischer Flußdichte umschließt. Bewegt sich der eingezeichnete Leiter der Länge l mit konstanter Geschwindigkeit v nach rechts, so erfolgt eine lineare Zunahme der Fläche $A(t)$. Infolge der äußeren Gleichspannung U ergibt sich ein Stromfluß I, welcher durch den gesamten Leiterwiderstand R_a begrenzt ist. Entsprechend der in Abschnitt 2.5 dargestellten Zusammenhänge wirkt auf den Leiter die innere Antriebskraft F_x und die von außen angreifende Widerstandskraft F_w. Bei Gleichheit beider Kräfte bewegt sich der Leiter mit konstanter Geschwindigkeit v nach rechts. Durch die hieraus resultierende lineare Flächenvergrößerung wird in dem bewegten Leiter die Spannung U_i induziert.

$$U_i = -\frac{\mathrm{d}\Phi}{\mathrm{d}t} = -B\frac{\mathrm{d}A}{\mathrm{d}t} = -\frac{\mathrm{d}}{\mathrm{d}t}(B \cdot l \cdot x) = -B \cdot l \cdot v_x$$

Damit ergibt sich folgendes Ersatzschaltbild für das beschriebene Maschinenmodell:

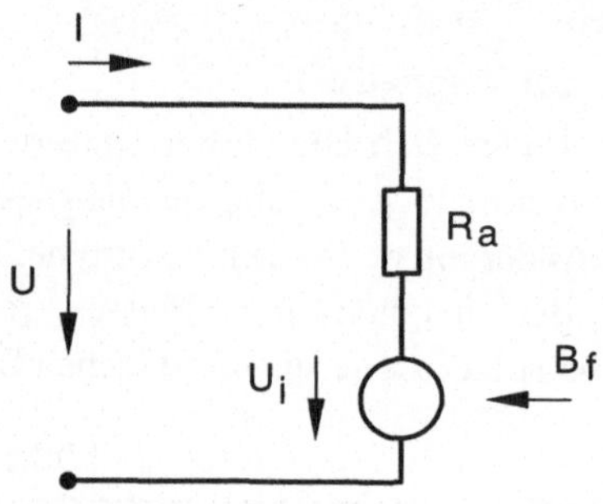

Bild 5.2:
Ersatzschaltbild Maschinenmodell

Kraftgleichung: $\vec{F} = \vec{I} \cdot l \times \vec{B}_f$

$F_x = I \cdot l \cdot B_f$

ind. Spannung: $U_i = B_f \cdot l \cdot v$

Spannungsgleichung: $U = R_a \cdot I + U_i$

Leistung (mech.): $P_{mech} = F_x \cdot v = I \cdot B \cdot l \cdot v$

Leistung (elektr.): $P_{el} = U \cdot I = R_a \cdot I^2 + U_i \cdot I$

Leistungsbilanz: $P_{el} = P_{Verlust} + P_{mech}$

Wirkungsgrad: $\eta = \frac{P_{mech}}{P_{el}} = \frac{U_i \cdot I}{U \cdot I} = \frac{U_i}{U} = \frac{U - R_a \cdot I}{U}$

5.1.2 Aufbau

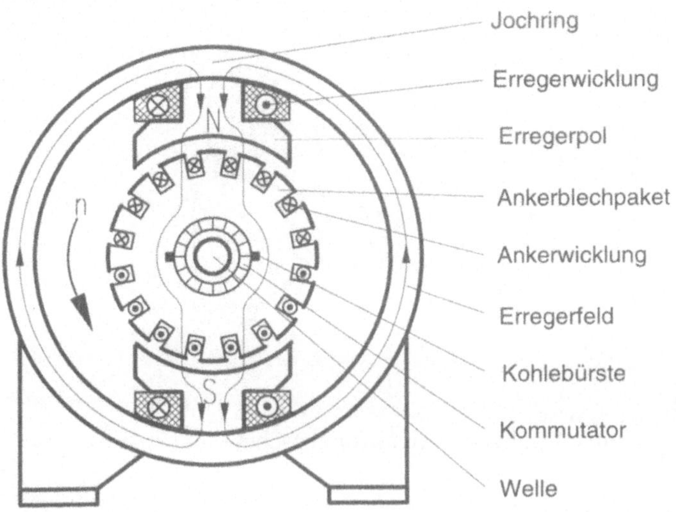

Bild 5.3:
Prinzipieller Aufbau Gleichstrommaschine (2-polig)

Der in Bild 5.3 dargestellte Querschnitt einer 2-poligen Gleichstrommaschine läßt ihren prinzipiellen Aufbau erkennen. In Bild 5.4 ist der Querschnitt einer 4-poligen Gleichstrommaschine dargestellt.

Das Erregersystem (Erregerwicklungen, Erregerpole) hat die Aufgabe, die Erregerinduktion B_f im Luftspalt zu erzeugen. Die Kraftwirkung am Umfang des Ankers (Drehmoment) beruht auf den magnetischen Wechselwirkungen zwischen dem Erregerfeld und den stromdurchflossenen Ankerleitern. Da die Ankerleiter entsprechend der Drehung des Ankers die Erregerfelder periodisch in unterschiedlicher Richtung durchlaufen, würde sich bei gleichbleibender Stromrichtung im Anker eine zeitliche Wechselkraft mit dem Mittelwert $M_{mittel} = 0$ ergeben. Ein gleichförmiges Drehmoment ergibt sich, wenn die Stromrichtung in den Ankerleitern in ihrem Vorzeichen der jeweiligen Richtung des Erregerfeldes angepaßt wird. Diese Aufgabe übernimmt der Kommutator, der als mechanischer Umschalter der Ankerströme wirkt.

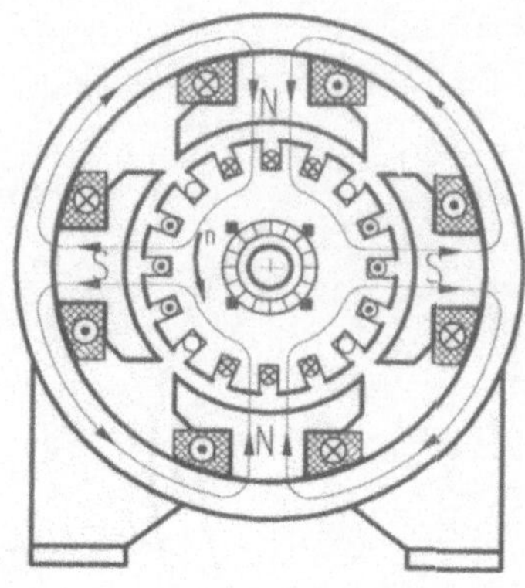

Bild 5.4:
Querschnitt einer 4-poligen Gleichstrommaschine

Jochring (Ständer):

Dem Jochring kommen zwei Aufgaben zu. Er bildet das mechanische Gehäuse der Maschine, und er führt den magnetischen Fluß. Werden keine besonderen Anforderungen an die mechanische Dynamik gestellt, so wird der Jochring aus massivem Walzstahl gefertigt.
Bei Maschinen mit hohen Dynamikanforderungen (z.B. Werkzeugmaschinen) ist eine rasche Stromänderung erforderlich. Zur Vermeidung des dämpfenden Wirbelstromeinflusses muß in diesem Fall der gesamte magnetische Kreis geblecht ausgeführt werden.

Erregung:

Die Erregerpole sind zusammen mit den Erregerspulen an dem Jochring festgeschraubt. Sie werden von einem Gleichstrom (Erregerstrom) gespeist und bilden das Erregerfeld im Luftspalt der Maschine. Da das Erregerfeld ein Gleichfeld ist, kann prinzipiell auf eine Blechung von Jochring und Erregerpolen verzichtet werden. Daß die Erregerpole dennoch in vielen Fällen geblecht ausgeführt werden, hat fertigungstechnische Gründe.

Kleine Maschinen werden in der Regel mit zwei Polen, größere Maschinen jedoch mehrpolig ausgeführt. Der Abstand zweier aufeinanderfolgender Pole ergibt sich dann zu

$$\tau_p = \frac{d_A \cdot \pi}{2p}$$

Anker:

Zentrisch in der Maschine angeordnet befindet sich der Anker (Läufer). Er ist drehbar auf einer Welle gelagert, um das von außen angreifende Last- oder Antriebsmoment (Motor- oder Generatorbetrieb) aufnehmen zu können. Am Umfang des Ankers befinden sich Nuten, in denen stromdurchflossene Leiter (Ankerwicklung) angeordnet sind. Der sich drehende Anker durchläuft das Erregerfeld, dessen Richtung sich entsprechend der gegensätzlichen Polarität zweier aufeinanderfolgender Erregerpole periodisch ändert.
Zur Reduzierung der durch das Wechselfeld im Ankerwerkstoff induzierten Wirbelströme wird der Anker geblecht. Sein Blechpaket besteht aus voneinander isolierten, etwa 0,5 mm starken Dynamoblechen. Die Ankerbleche erhalten am Umfang verteilte Nuten zur Aufnahme der Ankerwicklung. Den mechanischen Halt bekommen die Ankerleiter durch einen die Nut verschließenden Keil.

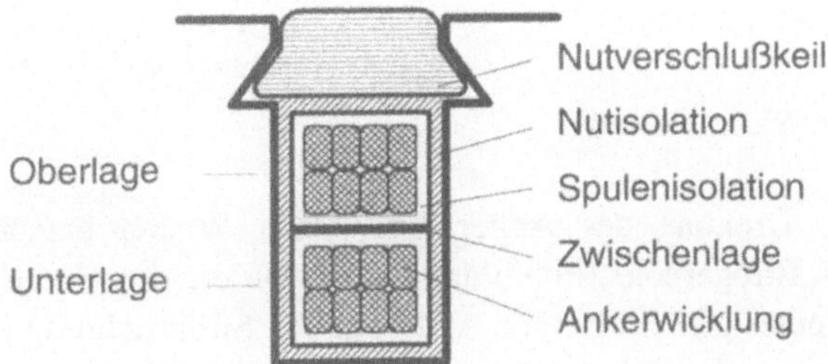

Bild 5.5:
Querschnitt einer Ankernut

Der Darstellung in Bild 5.5 liegen Formspulen zugrunde, welche bei Maschinen größerer Leistung zum Einsatz kommen. Formspulen werden vor

dem Einlegen in die Ankernut fertig gewickelt, isoliert und einer Spannungsfestigkeitsprüfung unterzogen.
Bei Gleichstrommaschinen kleiner Leistung wird die aus einzelnen Runddrähten bestehende Ankerwicklung in sich verjüngende Ankernuten geträufelt. Die Ankerwicklung wird über den Kommutator gespeist. Entsprechend der mechanischen Drehung des Ankers ändert sich die Stromrichtung in der Ankerwicklung periodisch (Wechselstrom).

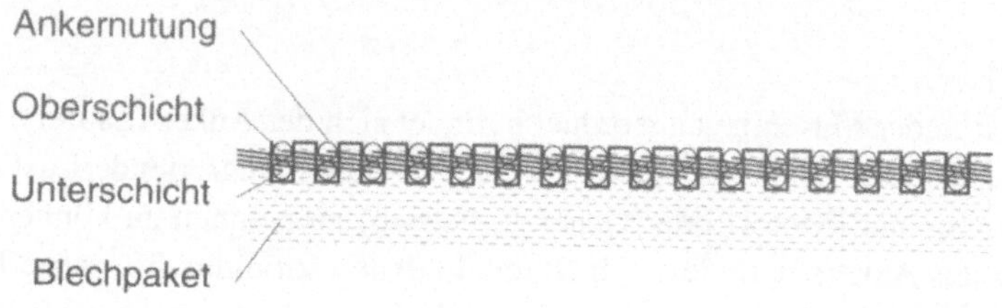

Bild 5.6:
Abwicklung eines Ankers (Gleichstrommaschine)

Bei der in Bild 5.6 dargestellten Anordnung befindet sich jeweils die linke Seite einer Ankerspule in der Oberschicht und die rechte Seite in der Unterschicht der Ankernut. Bei einer Durchmesserwicklung entspricht die Spulenweite einer Polteilung (Bild 5.8), bei einer gesehnten Wicklung ist die Spulenweite geringer als eine Polteilung.

Kommutator (Stromwender):

Erfolgt eine Drehung des Ankers um einen Winkel entsprechend dem Abstand der Erregerpole (Polteilung), so erfordert der Vorzeichenwechsel des Erregerfeldes gleichfalls eine Änderung der Stromrichtung in den Ankerleitern, um eine gleichbleibende Umfangskraft (Drehmoment) zu erzeugen. Diese Aufgabe der Stromwendung wird von dem Kommutator übernommen. Seine Wirkung entspricht der eines mechanischen Stromrichters.

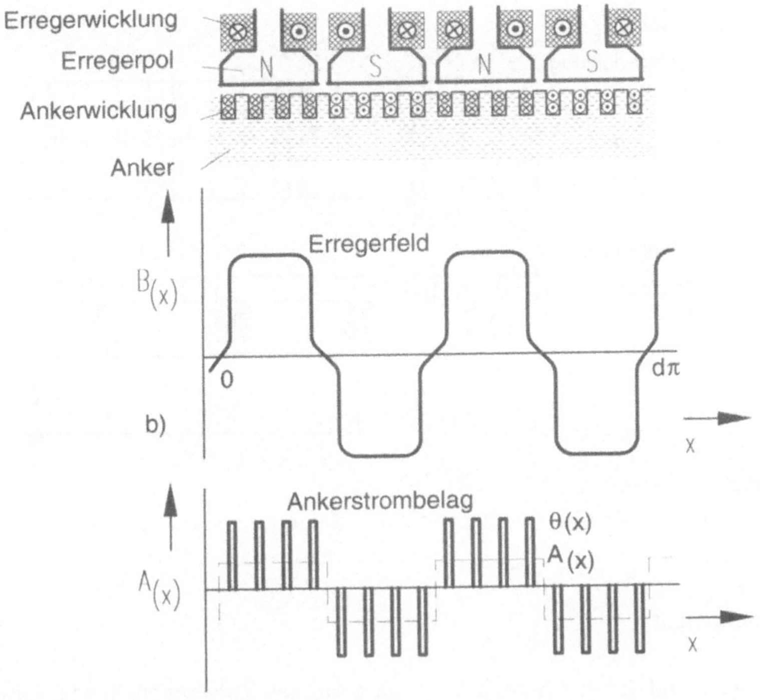

Bild 5.7:
Verteilung von Erregerfeld und Ankerstrombelag

Der Kommutator besteht aus kreisförmig radial angeordneten Kupferstegen. Die Isolation zweier benachbarter Stege erfolgt häufig durch Glimmermaterial. Die mechanische Konstruktion erfolgt unter Berücksichtigung der von der Drehzahl abhängigen Fliehkräfte.

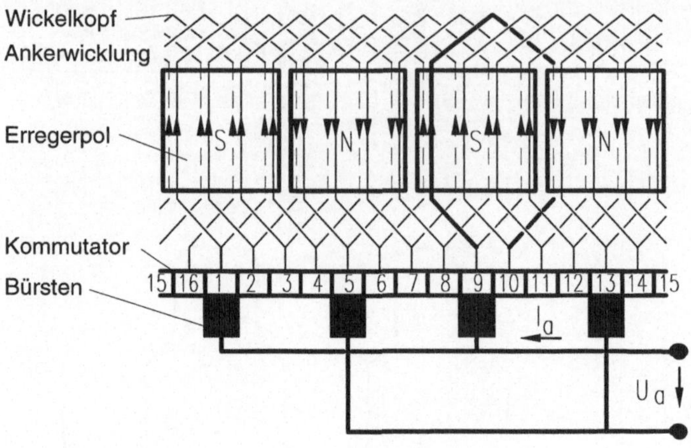

Bild 5.8:
Abwicklung einer Gleichstrommaschine (Schleifenwicklung)

Drehmoment:

Entsprechend der in Abschnitt 5.1.1 dargestellten Zusammenhänge ergibt das Zusammenwirken von Erregerfeld und Ankerstrom die auf die Ankerleiter einwirkenden Kräfte. Die Summe aller Kräfte führt zu dem mechanischen Drehmoment:

$$M_{mech} = F_a \cdot \frac{d_a}{2}$$

$$F_a = 2\, w_a \frac{I_a}{4}\, l\, B_f$$

$$M_{mech} = M'_d I_a I_f$$

Induzierte Spannung:

Die induzierte Spannung ergibt sich aus der Summe der in den $2 \cdot w_a$ Ankerleitern der Länge l induzierten Teilspannungen $B_f \cdot l \cdot v_a$. Die geometrischen Daten werden zu der Maschinenkonstanten M'_d zusammengefaßt $M'_d \sim w_a \cdot w_f$.

$$U_i = 2w_a\, B_f\, l v_a = M_d'\, \Omega\, I_f$$

Begriffe:

Polteilung τ_p: Abstand von Polmitte zu Polmitte zweier aufeinanderfolgender Erregerpole

Polpaarzahl p: Anzahl der Pole dividiert durch 2 (Pole treten immer paarweise auf)

Polbedeckung α: $\alpha = b_p / \tau_p$, Verhältnis von Polbreite zu Polteilung

Nutteilung τ_N: $\tau_N = \pi d_a / N_a$, Ankerumfang dividiert durch die Anzahl der Ankernuten

5.1.3 Kommutierung

Der Kommutator wirkt als mechanischer Stromrichter. Während in der Ankerwicklung ein periodischer Wechselstrom fließt, wird der Maschine von außen ein Gleichstrom zugeführt. Der Richtungswechsel erfolgt, wenn die Lamellen an den Bürsten vorbeilaufen (Bild 5.9, z.B. Spule 1, Lamellen 1 und 2).

Der Bürstenstrom I_a teilt sich je zur Hälfte auf die Spulen 1 und 2 auf (Bild 5.9, Stellung a). Entsprechend der Drehung des Ankers erfolgt die Speisung des Ankerstromes über die Lamelle 1 nach der Kommutierungszeit T_k (Bild 5.9, Stellung d). Die Ströme in den Ankerspulen haben nach der Kommutierungszeit T_k das Vorzeichen gewechselt. Während der Kommutierung ergibt sich bei linearer Stromdichteverteilung der Spulenstrom proportional dem Flächenverhältnis von Bürste und Kommutatorlamelle (Bild 5.9, Stellungen b und c).

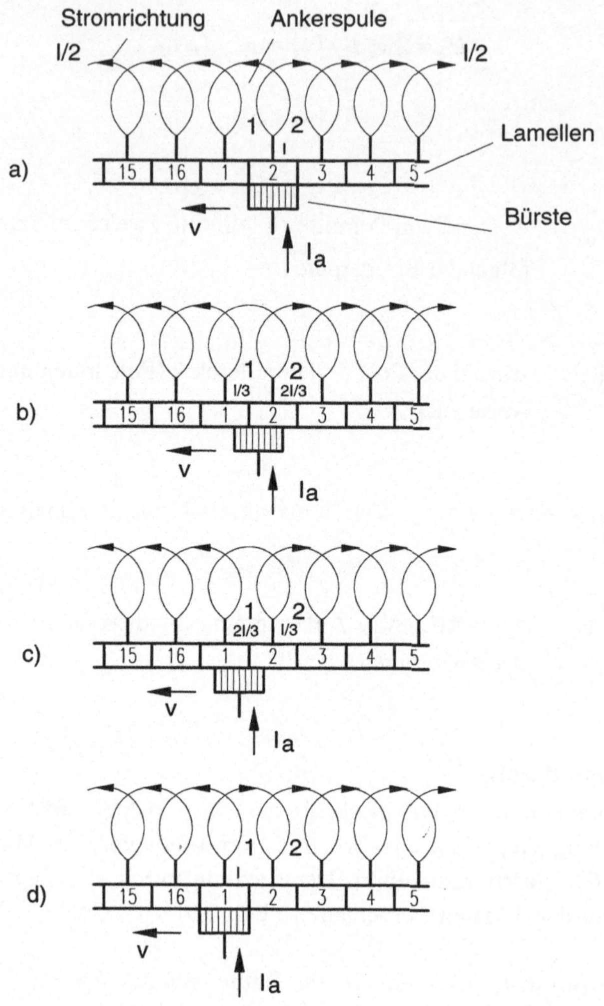

Bild 5.9:
Kommutierung des Ankerstromes

Die Ankerspulen sind jedoch auch mit einer Induktivität behaftet. Nach dem Induktionsgesetz wird bei Stromänderung eine Spannung induziert, welche der Stromänderung entgegenwirkt.

$$u_{sp} = L_{sp} \frac{\mathrm{d}\, i_{sp}}{\mathrm{d}\, t} = L_{sp} \frac{I_a}{T_k}$$

Als Folge hiervon ergibt sich eine erhöhte Stromdichte an der ablaufenden Kante von Lamelle 2 mit einer entsprechend höheren thermischen Belastung.

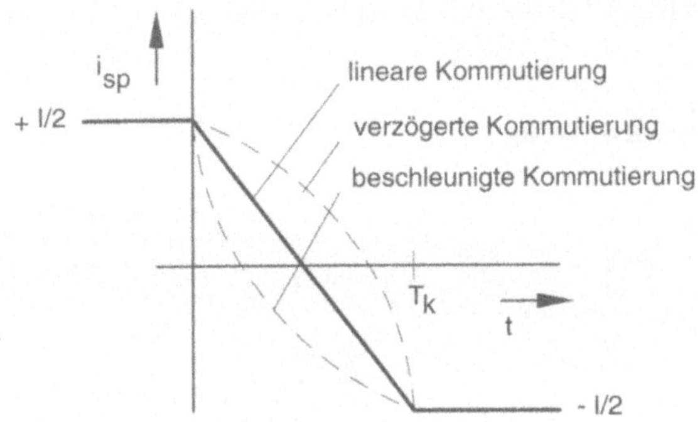

Bild 5.10:
Stromverlauf während der Kommutierung (Ankerspule)

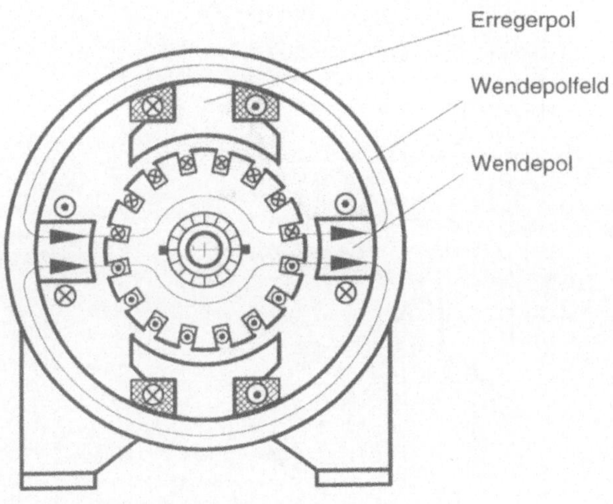

Bild 5.11:
Anordnung der Wendepole

Am Ende des Kommutierungsvorganges findet dann ein Abschaltvorgang mit einer erhöhten Abschaltspannung statt. Der entstehende Lichtbogen führt u.U. zu Bürstenfeuer. Abhilfe schafft eine in der neutralen Zone angeordnete Wendepolwicklung, die vom Ankerstrom durchflossen wird. Das von dieser Wicklung erzeugte magnetische Feld induziert in der kommutierenden Ankerspule eine Rotationsspannung, die der Selbstinduktionsspannung entgegengerichtet ist und somit zu einer beschleunigten Stromwendung führt (Bild 5.11).

5.1.4 Ankerrückwirkung

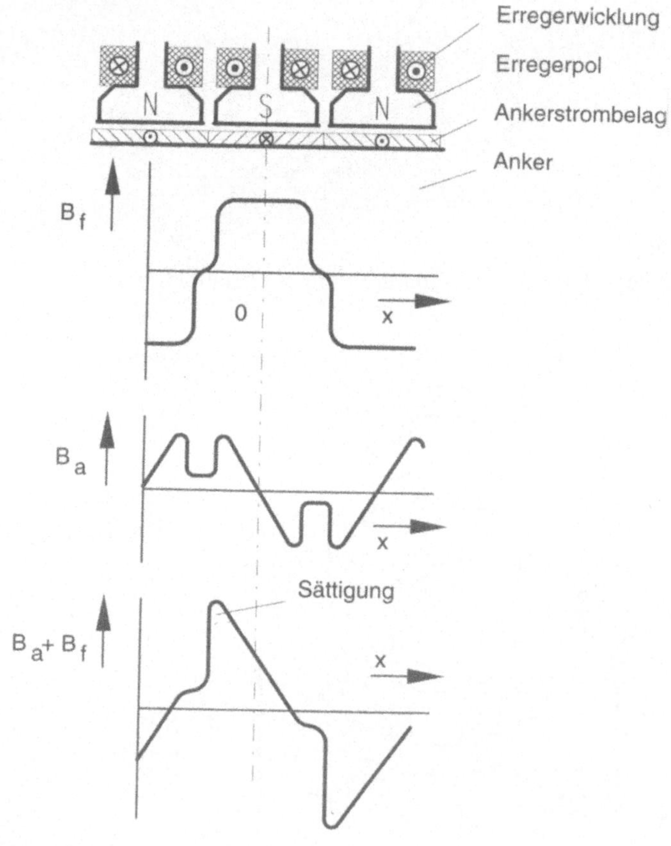

Bild 5.12:
Ankerrückwirkung

Bild 5.12 zeigt, daß die Erregerwicklung ein gleichmäßig verteiltes Luftspaltfeld erzeugt. Ein weiterer Feldanteil im Luftspalt wird jedoch auch durch die stromdurchflossene Ankerwicklung verursacht. Entsprechend der von der Ortskoordinate x abhängigen wirksamen magnetischen Spannung V_x ergibt sich eine zu den Rändern der Erregerpole zunehmende Flußdichte des Erregerfeldes.

$$V_a(x) = \int_0^x A_a \, \mathrm{d}x$$

$$H_a(x) = \frac{V_a(x)}{s}$$

$$B_a(x) = \mu_0 H_a(x) = \mu_0 \frac{V_a(x)}{s} = \frac{\mu_0}{s} \int_0^x A_a \, \mathrm{d}x$$

$V_a(x)$: magnetische Spannung

A_a : Ankerstrombelag

$H_a(x)$: magnetische Feldstärke

Für einen im Polbereich konstanten Ankerstrombelag A_a folgt somit für die Ankerrückwirkung:

$$B_a(x) = \frac{\mu_0}{s} A_a \cdot x$$

Infolge der Überlagerung von Erregerfeld B_f und Ankerfeld B_a ergibt sich ein inhomogener Feldverlauf im Luftspalt (Bild 5.12).
Die Folge der Feldverstärkung im linken Polbereich ist eine partielle magnetische Sättigung.

Nachteile:

- Verringerung des Gesamtfeldes (Drehmoment)
- Erhöhung der Eisenverluste im Anker ($P_{Va} \sim B_s^2$)
- Verschiebung der neutralen Zone

Die nachteiligen Eigenschaften der Ankerrückwirkung werden durch eine zusätzliche, vom Ankerstrom durchflossene Kompensationswicklung vermieden, die in den Nuten der Erregerpole angeordnet ist.
Der Strombelag der Kompensationswicklung ist näherungsweise entgegengesetzt dem des Ankers. Als Folge ergibt sich eine lastunabhängige gleichmäßige Feldverteilung im Bereich der Erregerpole (Bild 5.13).

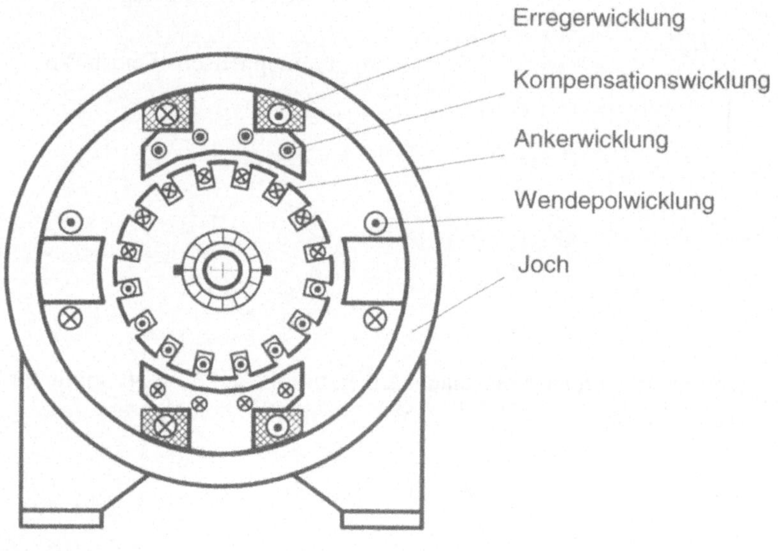

Bild 5. 13:
Wendepol- und Kompensationswicklungen

Bild 5.14 zeigt das Ersatzschaltbild einer Gleichstrommaschine mit der elektrischen Verschaltung der Wicklungen.

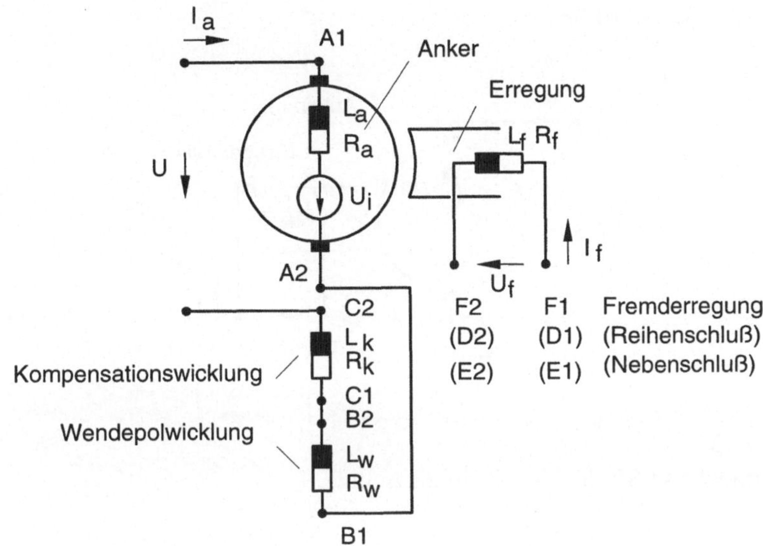

Bild 5.14:
ESB einer Gleichstrommaschine (mit Klemmenbezeichnungen)

5.2 Fremderregte Gleichstrommaschine

Im folgenden werden die Zusammenhänge zwischen den mechanischen Größen (Drehmoment M, Drehzahl n) und den elektrischen Größen (Spannung U, Strom I) behandelt. Basis ist das in Bild 5.15 dargestellte Ersatzschaltbild, in dem die im Ankerkreis wirksamen Widerstände und Induktivitäten zusammengefaßt sind.

5.2.1 Ersatzschaltbild

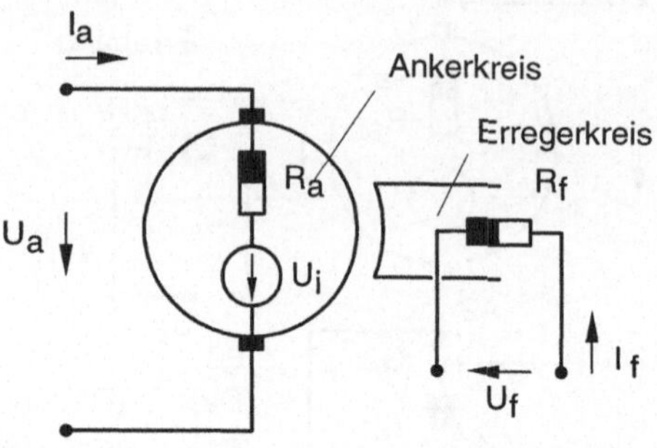

Bild 5.15:
Vereinfachtes ESB der Gleichstrommaschine

5.2.2 Betriebsverhalten

Weiterhin wird die Betrachtung auf das stationäre Verhalten eingeschränkt, so daß der Einfluß der Induktivitäten unberücksichtigt bleiben kann.
Ausgangsgleichungen sind die Spannungsgleichungen:

$$U_a = R_a \cdot I_a + U_i \quad \text{(Ankerkreis)}$$

$$U_i = M_d' \cdot I_f \cdot \Omega \quad \text{(ind. Spannung im Ankerkreis)}$$

$$U_f = R_f \cdot I_f \quad \text{(Erregerkreis)}$$

Für den Erregerkreis ergibt sich keine Abhängigkeit der elektrischen von den mechanischen Größen. Der Erregerstrom I_f hat jedoch proportionalen Einfluß auf die im Ankerkreis induzierte Spannung U_i.
Der Einfluß der Drehzahl auf die elektrischen Größen im Ankerkreis ist durch die von der mechanischen Winkelgeschwindigkeit Ω abhängige Spannung U_i berücksichtigt.
Für das mechanische Drehmoment M und die mechanische Leistung P_{mech} gelten folgende Beziehungen:

$$M = M_d' I_f I_a$$

$$\begin{aligned} P_{mech} &= M \cdot \Omega \\ &= M_d' I_f I_a \cdot \frac{U_i}{M_d' I_f} \\ &= I_a \cdot U_i \end{aligned}$$

Für die Sonderfälle Leerlauf ($M = 0,\ I_a = 0$) und Stillstand ($\Omega = 0$) folgt somit:

Leerlauf ($I_a = 0$):

$$U_a = U_i = M_d' I_f \Omega_0$$

$$\Omega_0 = \frac{U_a}{M_d' I_f} = 2\ \pi\ n_0$$

Stillstand ($\Omega = 0$):

$$U_i = 0$$

$$U_a = R_a I_a$$

$$\begin{aligned} M_{St} &= M_d' I_f I_a \\ &= M_d' I_f \frac{U_a}{R_a} \end{aligned}$$

Die Leerlaufdrehzahl n_0 ist direkt proportional zur äußeren Spannung U_a des Ankerkreises und umgekehrt proportional zum Erregerstrom I_f.
Im Stillstand der Maschine ergibt sich ein sehr hoher Ankerstrom I_a (und ein großes Anlaufmoment M_{St}), der im allgemeinen durch einen zusätzlichen Widerstand R_{av} im Ankerkreis auf zulässige Werte begrenzt wird. Einen konstanten Erregerstrom I_f vorausgesetzt, ergibt sich für die zwischen den Sonderfällen Leerlauf und Stillstand liegenden Betriebspunkte eine Proportionalität zwischen Drehmoment M bzw. mech. Leistung P_{mech} und Ankerstrom I_a.
Der Zusammenhang zwischen Drehmoment M und Winkelgeschwindigkeit Ω wird durch Einsetzen der Gleichungen hergestellt:

$$U_a = R_a I_a + U_i$$

$$= R_a \frac{M}{M_d' I_f} + M_d' I_f \Omega$$

$$= R_a \frac{M R_f}{M_d' U_f} + M_d' \frac{U_f}{R_f} \Omega$$

$$\Omega = \frac{U_a R_f}{M_d' U_f} - \frac{R_f^2 R_a}{M_d'^2 U_f^2} \cdot M$$

Zur Beeinflussung des Betriebsverhaltens bestehen grundsätzlich drei Möglichkeiten:

- Änderung der Ankerspannung
- Vorwiderstand im Ankerkreis
- Änderung des Erregerstromes

Bild 5.16 zeigt die hieraus resultierenden Kennlinien.
Bei Spannungssteuerung (Bild 5.16 a) ergibt sich eine abfallende Charakteristik durch den mit zunehmendem Moment ebenfalls zunehmenden Spannungsabfall am Ankerwiderstand R_a. Da im Leerlauf die induzierte Spannung U_i gleich der äußeren Spannung U_a ist, folgt eine direkte Proportionalität zwischen Leerlaufdrehzahl n und Spannung U_a. Zur Variation der Spannung U_a werden elektronische Schalter (Leistungselektronik) eingesetzt.
Die Beeinflussung durch einen Vorwiderstand ändert nichts an der Leerlaufdrehzahl, da im Leerlauf wegen $I_a = 0$ der Vorwiderstand nicht wirksam ist (Bild 5.16 b). Entsprechend dem bei zunehmender Belastung ebenfalls zunehmenden Spannungseinbruch durch R_{av} ergibt sich eine stärker abfallende Charakteristik der Drehzahl. Nachteilig machen sich die im Ankervorwiderstand umgesetzten Verluste $P_{av} = R_{av} \cdot I_a^2$ bemerkbar. Aus diesem Grund wird R_{av} im allgemeinen nur zur Strombegrenzung während des Anlaufes genutzt und anschließend kurzgeschlossen. Eine Verringerung des Erregerstromes (Feldschwächung) führt zu einem Anstieg der Leerlaufdrehzahl (Bild 5.16 c). Der Verringerung der induzierten Spannung wird durch Erhöhung der Drehzahl entgegengewirkt. Infolge der Feldschwächung

wird jedoch auch das Anlaufmoment M_{St} verringert. Die Schwächung des Feldes wird eingesetzt, um bei begrenzter Spannung U_a und verringertem Moment M den Drehzahlbereich zu vergrößern.

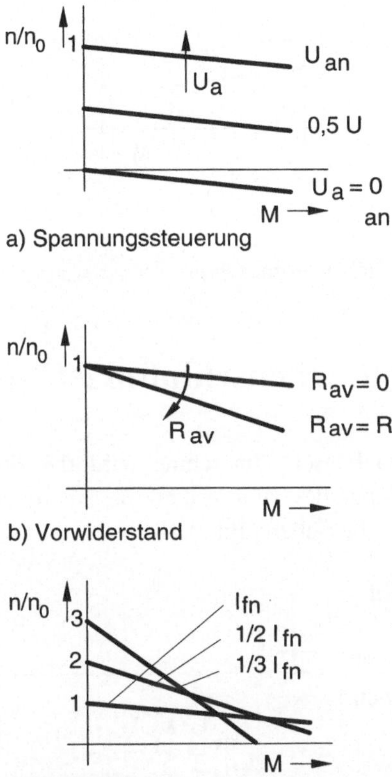

Bild 5.16:
Kennlinienbeeinflussung GS-Maschine (fremderregt)

Bild 5.17 zeigt den durch Kombination der Verfahren Spannungssteuerung und Feldschwächung erschließbaren Kennlinienbereich. Die Drehzahlgrenze ist durch Beachtung der mechanischen Festigkeit des Ankers gegeben, während die Stromgrenze die zulässige thermische Belastung der Maschine berücksichtigt.

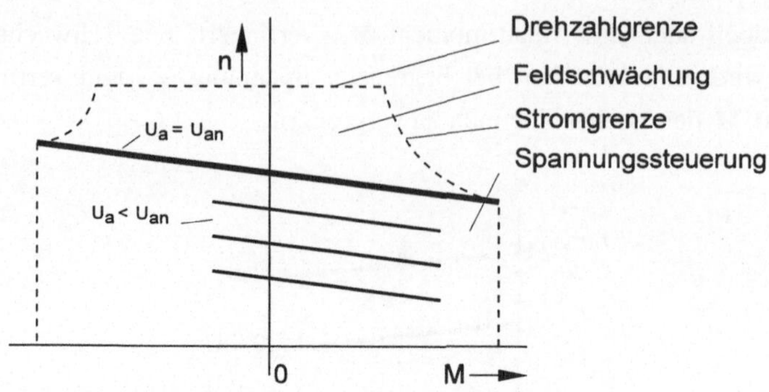

Bild 5.17:
Kennlinienbereich Gleichstrommaschine

5.3 Gleichstromnebenschlußmaschine

Bei der Gleichstromnebenschlußmaschine wird die Erregerwicklung über einen Vorwiderstand parallel zum Ankerkreis an der Speisespannung U_a (Gleichspannungsnetz) betrieben (Bild 5.18).

5.3.1 Ersatzschaltbild

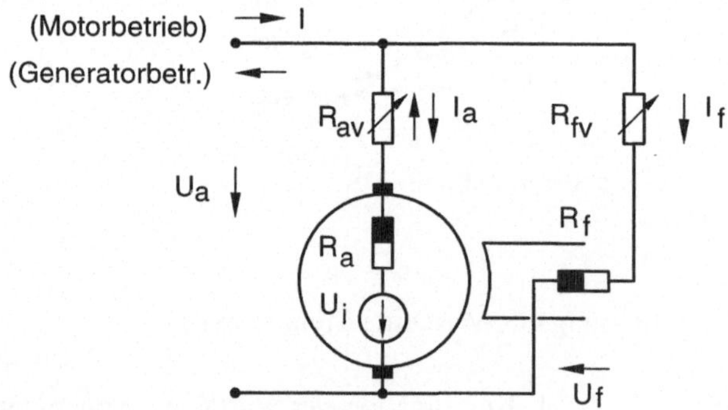

Bild 5.18:
Gleichstromnebenschlußmaschine

5.3.2 Betriebsverhalten

Bei konstanter Spannung U_a ergibt sich kein Unterschied zu dem Verhalten einer fremderregten Gleichstrommaschine. Bei veränderlicher Spannung U_a jedoch folgt ein Unterschied dadurch, daß auch der Erregerstrom I_f von U_a abhängig ist.

Spannungsgleichung:

$$U_a = (R_a + R_{av}) \cdot I_a + U_i$$

$$= (R_f + R_{fv}) \cdot I_f$$

Stromgleichung:

$$I = I_a + I_f$$

induzierte Spannung:

$$U_i = M_d' \cdot I_f \cdot \Omega$$

Drehmoment:

$$M = M_d' \cdot I_f \cdot I_a$$

Leerlauf ($I_a = 0$):

$$U_a = U_i = M_d' \cdot \frac{U_a}{R_f + R_{fv}} \cdot \Omega_0$$

$$\Omega_0 = \frac{R_f + R_{fv}}{M_d'} = const.$$

Stillstand ($U_i = 0$):

$$I_{a,St} = \frac{U_a}{R_a + R_{av}}, \quad I_{f,St} = \frac{U_a}{R_f + R_{fv}}$$

$$M_{St} = M_d' \cdot I_{a,St} \cdot I_{f,St}$$

$$= \frac{M_d'}{(R_a + R_{av}) \cdot (R_f + R_{fv})} \cdot U_a^2$$

Drehmoment-Drehzahl-Kennlinie:

$$\Omega = \frac{U_a}{M_d' \cdot I_f} - \frac{(R_a + R_{av}) \cdot I_a}{M_d' \cdot I_f}$$

$$= \frac{R_f + R_{fv}}{M_d'} - \frac{(R_a + R_{av}) \cdot (R_f + R_{fv})^2}{M_d'^2 \cdot U_a^2} \cdot M$$

Die Belastungskennlinie Bild 5.19 zeigt die quadratische Abhängigkeit des Anlaufmomentes M_{St} von der Spannung U_a.

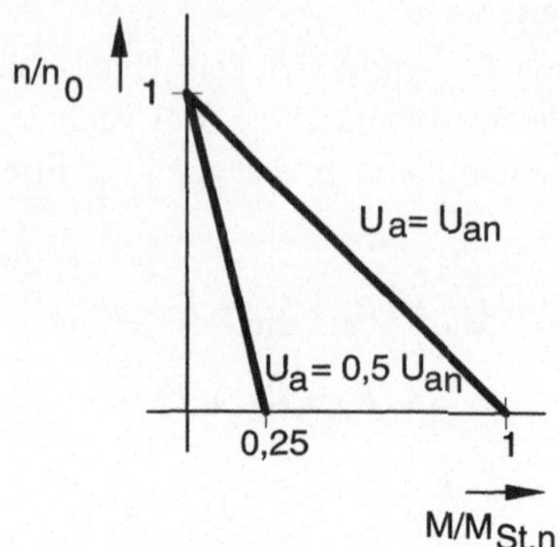

Bild 5.19:
Belastungskennlinie der Gleichstromnebenschlußmaschine

5.4 Gleichstromreihenschlußmaschine

Bei entsprechender Ausführung der Erregerwicklung hinsichtlich des Leiterquerschnittes lassen sich Erreger- und Ankerkreis auch in Reihenschaltung betreiben (Bild 5.20). Die Tatsache, daß $I_f = I$ ist, hat entscheidenden Einfluß auf den Verlauf der Betriebskennlinien.

Spannungsgleichung:

$$U_a = (R_a + R_{av} + R_f)\, I + U_i$$

$$U_i = M_d' I\, \Omega$$

$$U_a = (R_a + R_{av} + R_f)\, I + M_d' I\, \Omega$$

Drehmoment:

$$M = M_d' I^2$$

5.4.1 Ersatzschaltbild

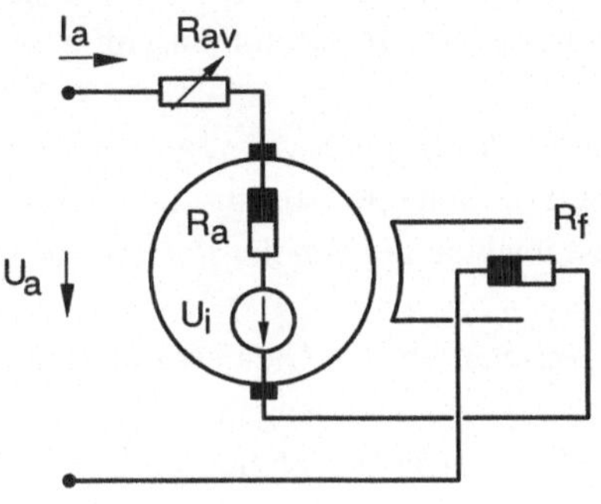

Bild 5.20:
Gleichstromreihenschlußmaschine

5.4.2 Betriebsverhalten

Leerlauf ($M = 0$):

$$\Omega \Rightarrow \infty$$

Stillstand ($U_i = 0$):

$$I_{St} = \frac{U_a}{R_a + R_{av} + R_f}$$

$$M_{St} = M_d' \cdot I_{St}^2 = M_d' \cdot \left(\frac{U_a}{R_a + R_{av} + R_f} \right)^2$$

Drehmoment-Drehzahl-Kennlinie:

$$\Omega = \frac{U_a}{M_d' \cdot I} - \frac{R_a + R_{av} + R_f}{M_d'}$$

$$= -\frac{R_a + R_{av} + R_f}{M_d'} + \frac{U_a}{\sqrt{M_d'}} \cdot \frac{1}{\sqrt{M}}$$

Das mechanische Drehmoment ist quadratisch vom Strom I abhängig, während die induzierte Spannung U_i lineare Abhängigkeit zeigt. Hieraus folgen drei für die Gleichstromreihenschlußmaschine typische Merkmale:

- Hohes Anlaufmoment bei vergleichsweise geringem Beharrungsmoment
- Kein stabiler Leerlaufzustand ($M = 0$ führt zu $n \to \infty$)
- Die Drehrichtung ist unabhängig von der Polarität der Speisespannung U_a.

Diese natürlichen Eigenschaften der Gleichstromreihenschlußmaschine entsprechen den Anforderungen an Fahrzeugantriebe.
Den Forderungen nach einem hohen Drehmoment zur Beschleunigung und nach einem geringen Drehmoment zur Überwindung der Fahrwiderstände während der Beharrungsfahrt kommt die Gleichstromreihenschlußmaschine weitgehend entgegen.

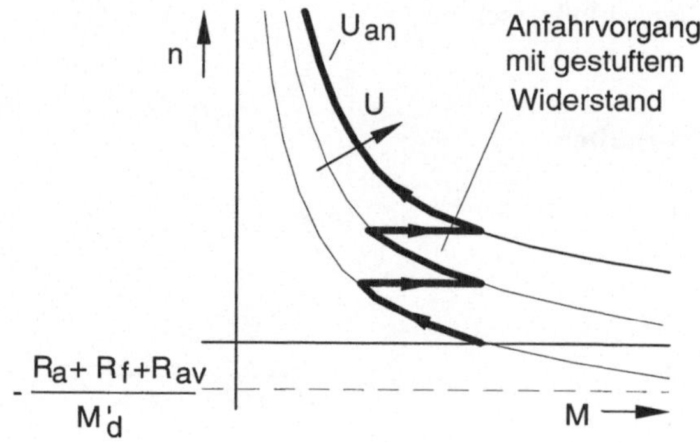

Bild 5.21:
Belastungskennlinie Gleichstromreihenschlußmaschine

Zur Begrenzung von Anlaufstrom bzw. Anlaufmoment kann der Vorwiderstand R_{av} genutzt werden. Eine stufenweise Verringerung von R_{av} führt zu dem in Bild 5.21 dargestellten Anfahrvorgang. Beim Wechsel der Polarität von U_a wechseln sowohl der Ankerstrom $I_a = I$ als auch der Erregerstrom $I_f = I$ das Vorzeichen. Dies entspricht einem Vorzeichenwechsel des Stromes und des Feldes bei der Betrachtung eines stromdurchflossenen Leiters in einem Magnetfeld. Da Kraft bzw. Drehmoment proportional dem Produkt beider Größen sind, läßt sich ein Drehrichtungswechsel nur durch

Umpolung einer der beiden Wicklungen realisieren (im allgemeinen wird die Erregerwicklung umgepolt).

5.5 Universalmotor

Die Reihenschlußmaschine ist grundsätzlich auch für den Betrieb an Wechselspannung geeignet. Bedingt durch das bei Wechselstrom sich rasch zeitlich ändernde Feld müssen jedoch Maßnahmen zur Vermeidung von Wirbelstromverlusten getroffen werden. Die Eisenpakete der Wechselstrom-Reihenschlußmaschine werden vollständig geblecht.

5.5.1 Ersatzschaltbild

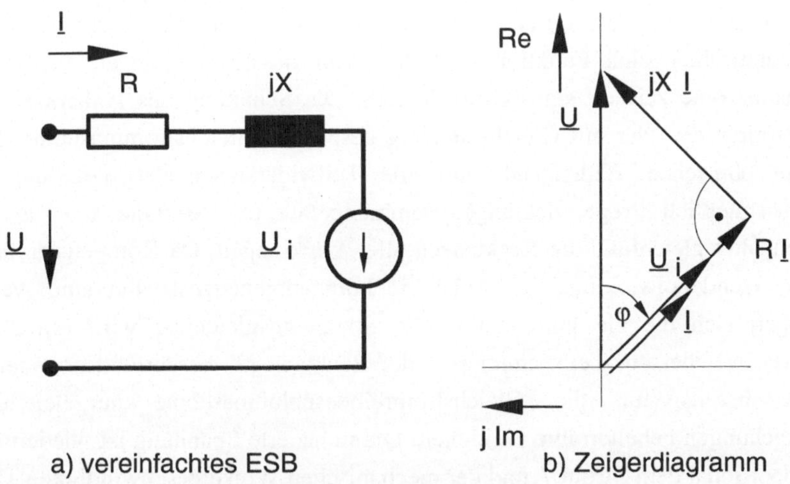

Bild 5.22:
Universalmotor

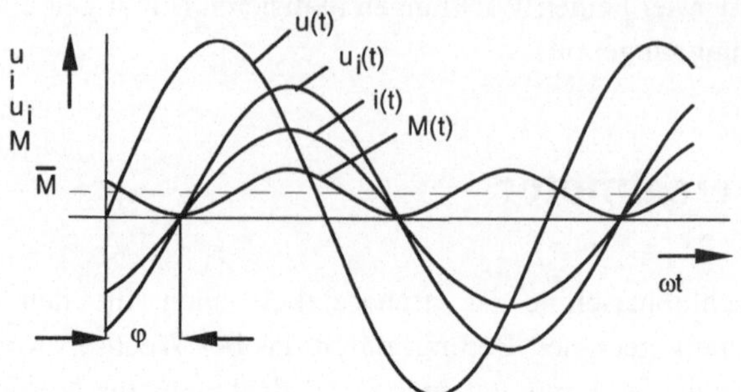

c) Zeitverlauf von Spannung, Strom, Moment

Bild 5.22:
Universalmotor

5.5.2 Betriebsverhalten

Die Kraftwirkung erfolgt nicht zeitlich konstant, sondern entsprechend einer quadratischen Sinus-Funktion, da sich sowohl das Erregerfeld als auch die Ankerströme zeitlich sinusförmig ändern. Die Schaltung des Ankerkreises entspricht dem der mit Gleichspannung gespeisten Gleichstrommaschine. In dem ohmschen Widerstand sind alle Teilwiderstände der Wicklungen (einschließlich Erregerwicklung) zusammengefaßt. Die Reaktanz $X = \mathrm{j} \cdot \omega \cdot L$ beinhaltet gleichfalls die Reaktanzen aller Wicklungen. Da Kompensations- und Wendepolwicklung der Ankerwicklung entgegengeschaltet sind, verringert sich die Gesamtreaktanz. Die Spannungsgleichung wird um den Term, welcher die Teilspannung an der Reaktanz $\mathrm{j}X$ beschreibt, erweitert. Die bereits für die Gleichstromreihenschlußmaschine hergeleiteten Gleichungen behalten ihre Gültigkeit. Die induzierte Spannung ist wiederum proportional dem Strom I und der mechanischen Winkelgeschwindigkeit Ω, ihre Phasenlage entspricht der des Stromes. Zusätzlich zu der bislang betrachteten Gleichstromreihenschlußmaschine ist der dem Strom um 90° voreilende Spannungsabfall an der Reaktanz $\mathrm{j}X$ zu berücksichtigen. Da sich Feld und Strom gleichphasig sinusförmig ändern, folgt für die Zeitfunktion des Momentes ein Verlauf entsprechend $M \sim \sin^2(\omega\, t)$. Der Mittelwert entspricht dem halben Maximalwert. Die Berechnung der elektrischen Größen erfolgt wie bei sinusförmigen Wechselgrößen üblich mit Hilfe der

komplexen Rechnung. Die Drehzahlstellung wird am elegantesten über eine Stellung der Spannung erreicht.
Eine im Bereich kleiner Leistungen wirtschaftliche Lösung ist mit Hilfe eines in beiden Stromrichtungen steuerbaren Triacs möglich (Bild 5.23).

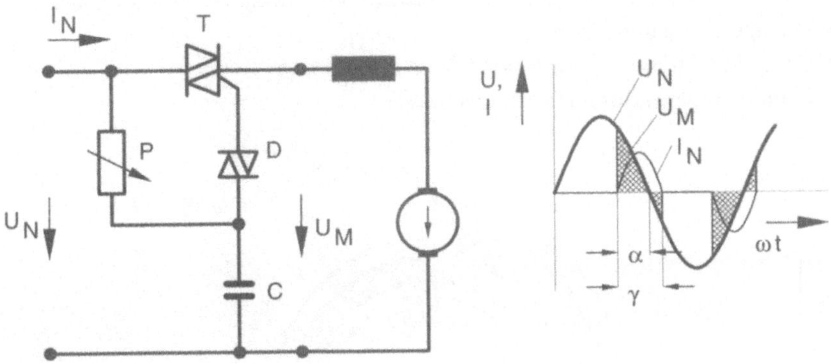

Bild 5.23:
Drehzahlstellung Universalmotor

5.6 Sonderbauformen

Die klassische Gleichstrommaschine im Bereich von Leistungen $P > 1\,\mathrm{kW}$ findet vorwiegend Anwendung auf folgenden Gebieten:

- Werkzeugmaschinen (Hauptantrieb)
- Förderanlagen, Walzgerüste
- Bahnen

Gleichstrommaschinen kleiner Leistung werden eingesetzt im Bereich von:

- Servoventilen
- Feinwerktechnik
- Kfz.-Elektrik

Insbesondere im Bereich kleiner Motorleistungen werden häufig Sonderbauformen realisiert.

Permanentmagnetmotor:

Grundsätzlich kann das Erregerfeld auch durch P-Magnete erzeugt werden. Bild 5.24 zeigt eine Gegenüberstellung der Bauformen mit E-Magnet- und P-Magnet-Erregung. Vorteilhafte Merkmale der P-Magnet-Erregung sind:

- geringer Außendurchmesser
- einfacher Aufbau, wenige elektrische Anschlüsse
- keine Erregerverluste (Wirkungsgrad !)

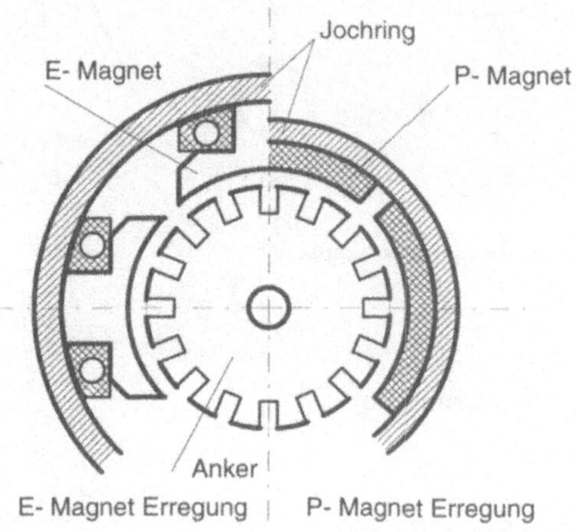

Bild 5.24:
Gegenüberstellung E-/P-Magnet-Erregung

Zur Erhöhung der Luftspaltinduktion wird das Flußkonzentrationsprinzip eingesetzt (Sammleranordnung). Bild 5.25 zeigt den Querschnitt einer Ausführung, wie sie für Servomotoren bis zu einigen kW Nennleistung Anwendung findet. Weichmagnetische Polschuhe konzentrieren den von den P-Magneten erzeugten Fluß und führen somit zu einer höheren Flußdichte im Luftspalt der Maschine.

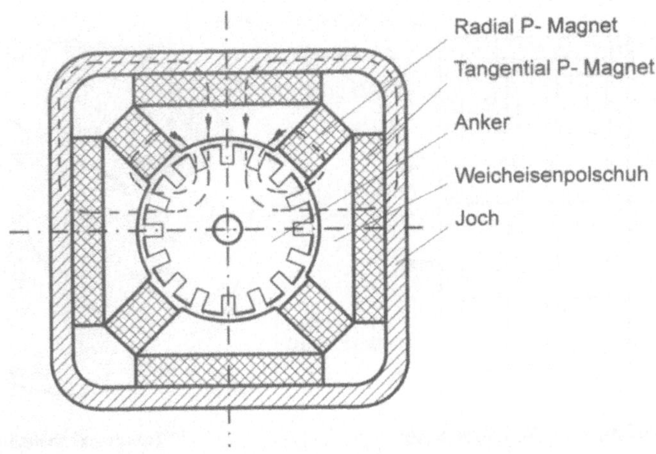

Bild 5. 25:
P-Magnet-Motor in Sammleranordnung

Scheibenläufermotor:

Die Forderung nach einer hohen Dynamik wird durch Verringerung der mechanischen und elektrischen Zeitkonstanten erfüllt. Bild 5.26 zeigt die Ansicht eines für dynamische Regleranwendungen geeigneten Servoantriebes. Der eisenlose Anker zeichnet sich durch eine geringe Masse aus. Die Ankerwicklung ist in Form einer gedruckten Schaltung als Wellenwicklung beidseitig auf eine dünne Isolierscheibe aufgebracht. Die Zuleitung des Ankerstromes erfolgt über Bürsten zu den ebenfalls in gedruckter Schaltungstechnik als Kommutator ausgeführten Enden der Ankerspulen. Die Erregung erfolgt über P-Magnete.

Vorteile:
- geringes mechanisches Trägheitsmoment
- keine Nutung (gute Rundlaufeigenschaften bei geringen Drehzahlen)
- geringe Ankerinduktivität (Zeitkonstante $T < 1\,\text{ms}$)
- große Kühloberfläche des Ankers (Ableitung der Ankerverluste)

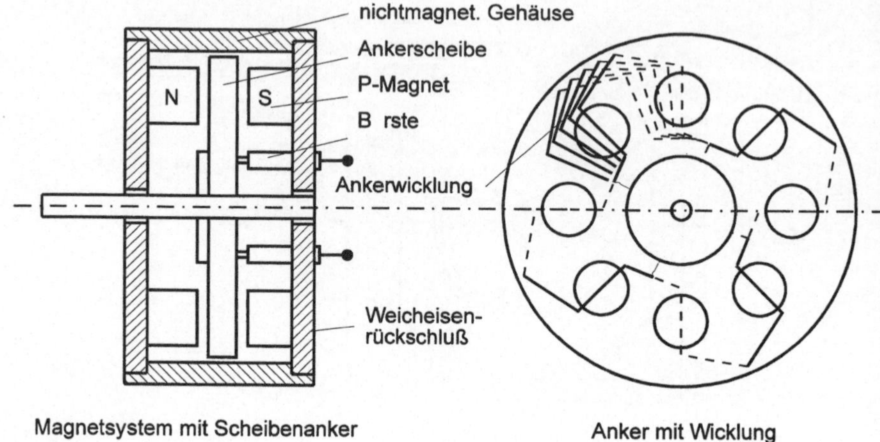

Bild 5.26:
Scheibenläufermotor

Elektronikmotor:

Wird der als mechanischer Schalter zu betrachtende Kommutator ersetzt durch Halbleiterschalter (z.B. Transistoren), so erhält man kollektorlose Maschinen. Bei großen Bauleistungen ($P > 1\,\mathrm{kW}$) werden sie als Stromrichtermotor, bei kleinen Bauleistungen als Elektronikmotor bezeichnet. Oftmals bilden Motor und Halbleiterschalter eine Einheit, deren Speisung aus einer Gleichspannungsquelle erfolgt (Bild 5.27).

Die Notwendigkeit von Schleifringen zur Führung der Ankerströme läßt sich vermeiden, wenn im Gegensatz zu den bislang betrachteten Anordnungen die Ankerwicklungen fest stehen und der Erregerteil drehbar auf einer Welle gelagert ist.

Die dargestellte Anordnung besteht aus dem drehbar gelagerten P-Magnet-Erregerteil und vier ortsfesten Spulensystemen, welche über elektronische Schalter gespeist werden. Zwei Hallsonden erfassen berührungslos die momentane Winkelstellung des Läufers. Diese Information wird in Ansteuersignale für die Halbleiterschalter umgeformt, so daß stets eine feste Zuordnung zwischen Winkelstellung des Läufers und Speisung der Ständerwicklung gewährleistet ist. Die Beeinflussung von Drehzahl bzw. Drehmoment erfolgt über einen weiteren Halbleiterschalter. Durch Taktung der zugeführten Gleichspannung und nachfolgende Glättung des Stromes in einer Drossel kann der Ständerwicklungsstrom und damit das Drehmoment variiert werden.

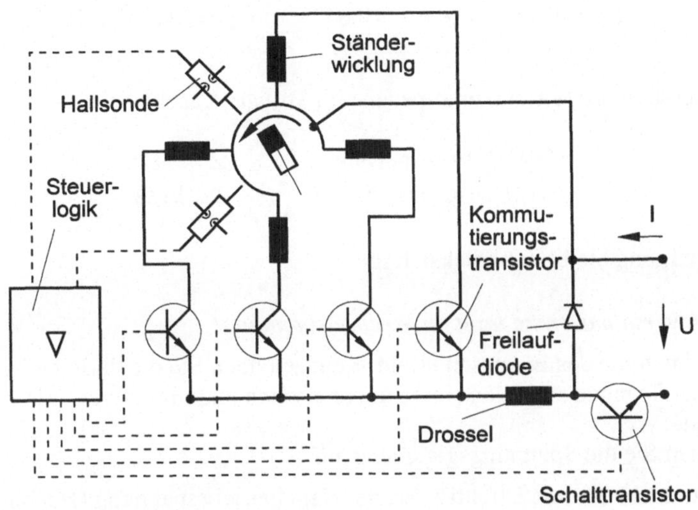

Bild 5.27:
Elektronikmotor

Merkmale und Anwendungen:

- geringer Wartungsaufwand, hohe Lebensdauer
- hoher Wirkungsgrad
- gute Regeldynamik
- Drehzahlen bis 100.000 U/min
- geringes Drehmoment
- Lüfterantriebe
- Wickelantriebe in der Textilindustrie

Aufgabe 4:

Gegeben ist eine Universalmaschine (Reihenschlußschaltung), von der die Nennbetriebsdaten bei Wechselstromspeisung mit $f = 50$ Hz bekannt sind.

$$I_N = 4\ \text{A}, \qquad \cos\varphi_N = 0{,}644\,, \qquad n_N = 5000\ \text{U/min}$$

Die Messung der Maschinenimpedanz im Stillstand ergab bei

Gleichstromspeisung:	$Z = 5\ \Omega$
Wechselstromspeisung:	$Z = 13\ \Omega$

Die Sättigung bleibt unberücksichtigt.

Die Universalmaschine läuft an Wechselspannung!

a) Zeichnen Sie das Ersatzschaltbild. Kennzeichnen Sie die darin befindlichen Spannungsquellen sowie die ohmschen und induktiven Widerstände.
Stellen Sie die Spannungsgleichung auf.

b) Bestimmen Sie den Effektivwert der Nennbetriebsspannung (zeichnerische Lösung empfohlen). Wie groß ist die Rotationsinduktivität M_d' ?

Skizzieren Sie den Verlauf des Momentes qualitativ über der Zeit und geben Sie die Pulsationsfrequenz an.

c) Wie groß ist das maximale und das mittlere Moment?
Wie groß ist der Wirkungsgrad?

Die Universalmaschine läuft an Gleichspannung!

d) Gefordert wird $\overline{M} = M_{\sim}$ (mittleres Moment aus c)
$\overline{n} = n_{\sim}$ (5000 U/min).
Bestimmen Sie Strom, Spannung und Wirkungsgrad.

6 Drehfeld, Strombelagswelle

Bislang wurde (mit Ausnahme des Elektronikmotors) die Innenläufermaschine betrachtet, bei der das am Joch befestigte Erregersystem als ortsfest zu betrachten war, während die Wicklung zusammen mit dem auf einer Welle gelagerten Läuferblechpaket rotierend angeordnet war. Ohne die Wirkungsweise der Maschine einzuschränken, können Erregerteil und Wicklung auch getauscht werden. Bild 6.1 zeigt eine Maschinenanordnung, bei der folgende Abwandlungen vorliegen:

- Das Erregerteil ist auf der drehbaren Welle angeordnet (Innenpolanordnung).
- Die Wicklung ist in den Nuten des ortsfesten Ständerblechpaketes angeordnet (Ständerwicklung).

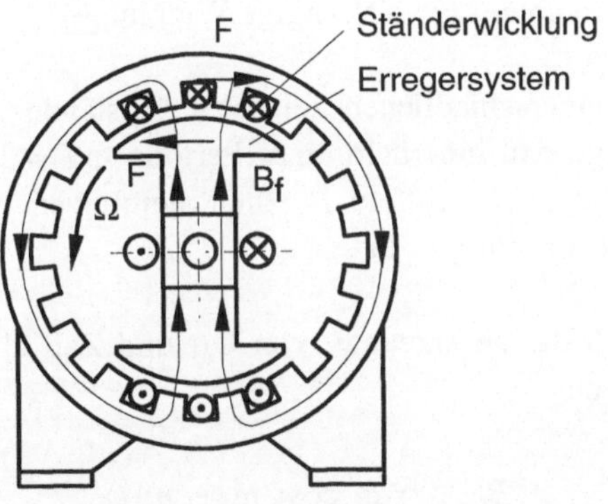

Bild 6.1:
Innenpolanordnung

Die Forderung nach einer gleichförmigen Drehmomentbildung kann dadurch erfüllt werden, daß die am Ständerumfang vorhandene Stromverteilung synchron mit dem rotierenden Erregersystem umläuft. In Analogie zur Gleichstrommaschine könnten rotierende Bürsten und ein gleichfalls mit der Ständerwicklung feststehender Kommutator zur Speisung der Ständerströme eingesetzt werden. Eine aus konstruktiver Sicht einfachere Lösung besteht aus der Unterteilung der Ständerwicklung in mindestens zwei getrennte Wicklungssysteme mit zueinander senkrecht stehenden Raumachsen und der Speisung dieser Wicklungssysteme mit zeitlich phasenverschobenen Strömen.

Bild 6.2 zeigt das Prinzip der Erzeugung eines Drehfeldes am Beispiel einer zweiachsigen Spulenanordnung.

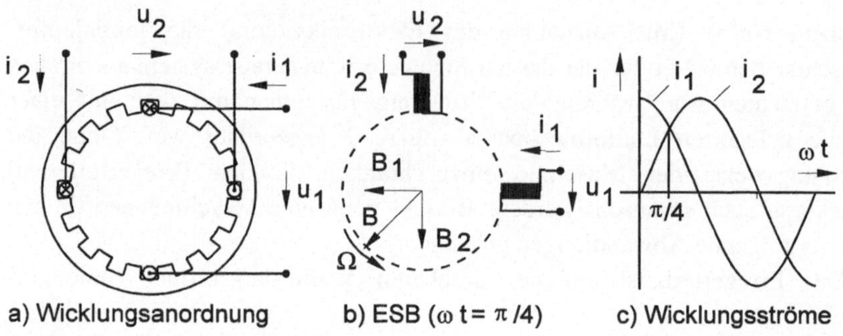

Bild 6.2:
Erzeugung eines Drehfeldes (zweisträngige Wicklung)

Die Betrachtung unterschiedlicher zeitlicher Zustände des zweiphasigen Stromsystemes zeigt, daß innerhalb einer Periode $\omega T = 2\pi$ das aus beiden Spulenfeldern gebildete Gesamtfeld B einen räumlichen Winkel von gleichfalls 2π beschreibt (gilt für $p = 1$).

Allgemein läßt sich das so erzeugte, von Ort und Zeit abhängige Drehfeld wie folgt beschreiben:

$$B_{(\alpha,t)} = \hat{B} \cos(\omega t - p\,\alpha)$$

Eine konstante maximale Amplitude des Feldes ergibt sich, wenn $\omega t - p\alpha = 0$ gilt. Hieraus läßt sich die mechanische Winkelgeschwindigkeit Ω_0 ermitteln.

$$\Omega_0 = \frac{d\alpha}{dt} = \frac{\omega}{p} = \frac{2\pi f}{p}$$

$$= 2\pi\, n_0$$

$$n_0 = \frac{f}{p}$$

ω: Kreisfrequenz der Ströme

Ω_0: Kreisfrequenz des resultierenden Feldes

p: Polpaarzahl

n_0: Drehzahl

Beispiel: Bei einer zweipoligen Drehfeldmaschine ($p = 1$), die mit $f = 50\,\text{Hz}$ gespeist wird, ergibt sich eine Drehzahl n_0 von $n_0 = 50\,\text{s}^{-1} = 50 \cdot 60\,\text{min}^{-1} = 3000\,\text{min}^{-1}$

Der Zusammenhang zwischen Flußdichte $B_{(\alpha,t)}$ und Strombelag $A_{(\alpha,t)}$ ergibt sich wiederum aus dem Durchflutungsgesetz

$$B_{(\alpha,t)} = \frac{\mu_0}{s} \int A_{(\alpha,t)}\, d\alpha \qquad s: \text{ Luftspalt}$$

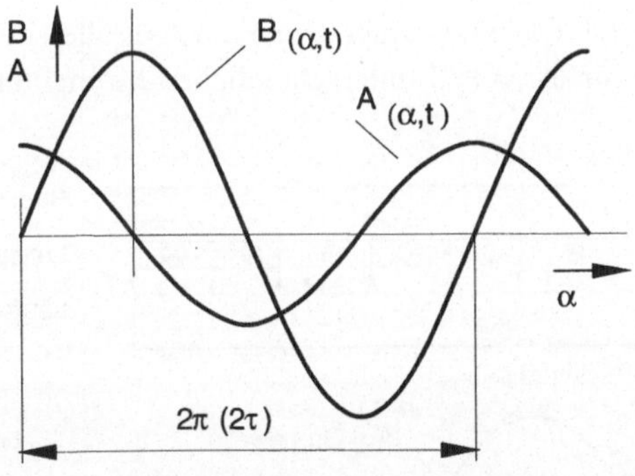

Bild 6.3:
Strombelag $A(\alpha, t)$, Feldwelle $B(\alpha, t)$

Die praktische Wicklungsanordnung zur Erzeugung eines Drehfeldes verwendet drei Wicklungsstränge, die bei einer zweipoligen Maschine ($p = 1$) zueinander um jeweils $120°$ räumlich versetzt sind und aus einem Drehstromsystem gespeist werden.

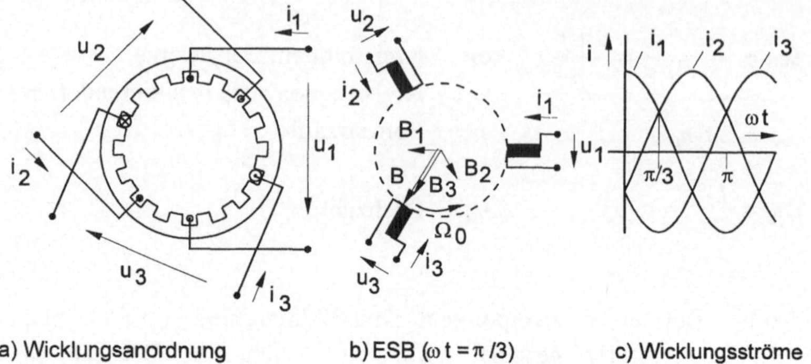

Bild 6.4:
Erzeugung eines Drehfeldes (dreisträngige Wicklung)

Bild 6.4 zeigt die Anordnung einer dreisträngigen Drehstrom-Ständerwicklung. In Bild 6.4b ist das resultierende Feld zum Zeitpunkt $\omega t = \pi/3$ eingezeichnet. Das resultierende Feld rotiert mit der Winkelgeschwindigkeit Ω_0, die Amplitude beträgt das 1,5 – fache des von einer Spule maximal erzeugten Feldes ($B_3 = -B_{3\,\max}$ für $\omega t = \pi/3$ in Bild 6.4c).
Die Wicklungsanordnung sowie die Stromverteilung sind nochmals in der Abwicklung dargestellt. Die unterschiedliche Größe der Stromsymbole berücksichtigt die für $\omega t = \pi/3$ unterschiedlichen Momentanwerte.

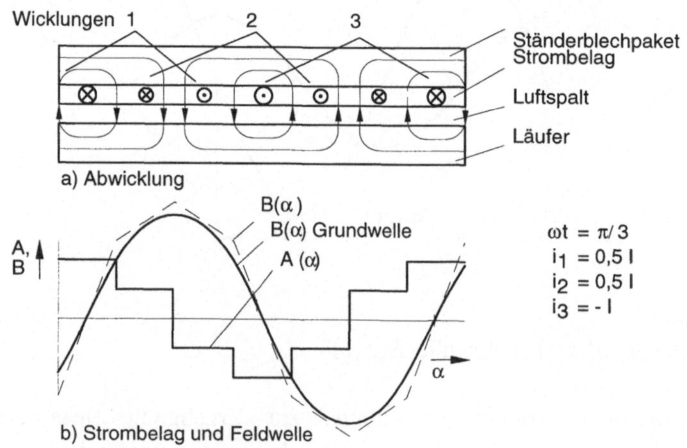

Bild 6.5:
Dreisträngige Drehstromwicklung

Der Zusammenhang zwischen Induktion B und Strombelag A ist wiederum durch das Durchflutungsgesetz gegeben.

$$B_{(\alpha,t)} = \frac{\mu_0}{s} \int A_{(\alpha,t)} \, \mathrm{d}\,\alpha$$

Die reale Darstellung des Strombelages ergibt einen treppenförmigen Verlauf (Bild 6.5b). Durch die Integration folgt für das magnetische Feld ein aus Geradenstücken zusammengesetzter Polygonzug, der sich nur geringfügig von der gleichfalls dargestellten Grundwelle des Feldes unterscheidet.

Die dargestellten Beispiele zeigen, daß es möglich ist, durch mehrere Wicklungsstränge mit zueinander verschobenen Wicklungsachsen ein Drehfeld zu erzeugen, sofern die Wicklungsstränge zeitlich zueinander phasenverschobene Ströme führen. Bei einer zweipoligen Maschine ($p = 1$) und einem dreisträngigen Wicklungssystem beträgt die Verdrehung der Wicklungsachsen 120°. Dieser Winkel verringert sich entsprechend bei mehrpoligen Anordnungen (60° für $p = 2$, 40° für $p = 3$ etc.). Aus diesem Zusammenhang resultiert eine Abnahme der Winkelgeschwindigkeit Ω_0 bzw. der Drehzahl n_0 des umlaufenden Feldes mit zunehmender Polpaarzahl p. Für die Speisung mit einer Netzfrequenz von $f = 50\,\mathrm{Hz}$ ergeben sich folgende Drehzahlstufungen:

$$p = 1 \quad \rightarrow \quad n_0 = 3000\,\mathrm{min}^{-1}$$
$$p = 2 \quad \rightarrow \quad n_0 = 1500\,\mathrm{min}^{-1}$$
$$p = 3 \quad \rightarrow \quad n_0 = 1000\,\mathrm{min}^{-1} \qquad \text{etc.}$$

7 Synchronmaschine

7.1 Aufbau

Synchronmaschinen spielen in der elektromechanischen Energieumformung als Drehstromgeneratoren eine überragende Rolle. Bei der Energieerzeugung erfolgt der Antrieb durch Wasser- oder Dampfturbinen.

Der Läufer trägt eine Erregerwicklung, der über Schleifringe Gleichstrom zugeführt wird. Im Ständerblechpaket ist eine Drehstromwicklung angeordnet. Bei Wasserkraftgeneratoren werden an das Läuferjoch Einzelpole angebracht, die die Schenkel eines magnetischen Kreises bilden (Schenkelpolläufer). Diese Langsamläufer mit einer Drehzahl von $100\,\mathrm{U/min}$, einem Durchmesser von $\mathrm{D} \geq 15\,\mathrm{m}$ und Leistungen von $S \geq 800\,\mathrm{MVA}$ zählen zu den größten elektrischen Maschinen. Schnelläufer mit Drehzahlen von $n \leq 750\,\mathrm{U/min}$ werden mit Durchmessern von $D \leq 5\,\mathrm{m}$ realisiert. Die für Dampfturbinen wünschenswerten hohen Drehzahlen von $n = 1500\,\mathrm{U/min}$ oder $n = 3000\,\mathrm{U/min}$ führen zu vierpoligen bzw. zweipoligen Turbogeneratoren. Zur Beherrschung der auftretenden Fliehkräfte werden aus einem Stück geschmiedete Vollpolläufer eingesetzt. Die Läuferwicklung (Erregung) ist in eingefrästen Nuten angeordnet.

Für eine Leistung von $S = 1500\,\mathrm{MVA}$ und eine Drehzahl von $n = 1500\,\mathrm{U/min}$ betragen Läuferdurchmesser $D = 1800\,\mathrm{mm}$ und Läuferlänge $l = 7500\,\mathrm{mm}$. Wegen des großen Längen/Durchmesser-Verhältnisses ist eine sorgfältige Auswuchtung erforderlich. Der Betrieb erfolgt oberhalb der mechanischen Eigenfrequenz. Zur Vermeidung von Wirbelstromverlusten wird die Ständeranordnung grundsätzlich geblecht. Die Anordnung der Drehstromwicklung erfolgt in gestanzten Nuten. Die Abführung der in der Maschine auftretenden Stromwärmeverluste erfolgt durch direkte Wasserkühlung.

Synchronmaschinen werden als Motor eingesetzt, wenn eine konstante Drehzahl gewünscht wird oder die Möglichkeit der Blindleistungskompensation genutzt werden soll.
Im Bereich kleiner Leistungen werden Synchronmaschinen als Antriebe eingesetzt für:

- Spinnspulen (Textilindustrie)
- Synchronuhren, Phonogeräte
- Schaltwerke

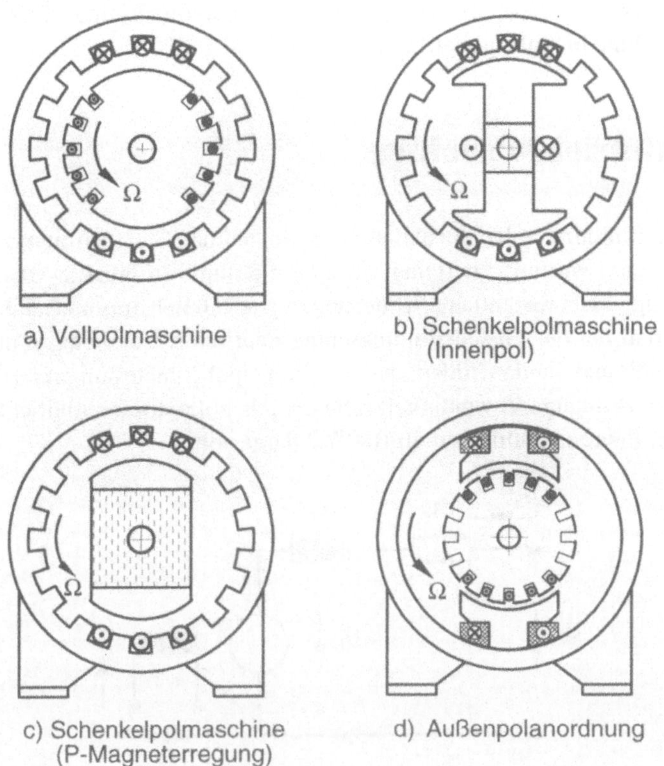

Bild 7.1:
Bauformen der Synchronmaschine

Das Erregersystem wird in diesen Fällen häufig durch P-Magnete realisiert. Bild 7.1 zeigt unterschiedliche Bauformen der Synchronmaschine. Bei der Vollpolmaschine (Bild 7.1a) ist die Erregerwicklung in den Nuten des Pol rades eingelegt. Das Polrad weist keine magnetische Vorzugsrichtung auf. Die Schenkelpolanordnung (Bild 7.1b) trägt die Erregerwicklung auf ausgeprägten Polen, die bezüglich des Ständermagnetfeldes Richtungen mit geringem und mit großem magnetischen Widerstand aufweisen. Die Schenkelpolanordnung mit P-Magnet-Erregung (Bild 7.1c) ist bezogen auf den Umfang ebenfalls magnetisch unterschiedlich mit großen und geringen Luftspalten ausgeführt. Infolge der gegenüber Eisen geringeren relativen Permeabilität μ_r von P-Magneten wirkt sich die magnetische Unsymmetrie jedoch nicht so stark aus wie bei der Schenkelpolmaschine. Die Schenkelpolmaschine in Außenpolausführung zeigt Bild 7.1d.

7.2 Betriebsverhalten

Die Kraftbildung vollzieht sich ähnlich wie bei der Gleichstrommaschine aus der Wechselwirkung zwischen Erregerfeld und Strombelag der Ständerwicklung. Der wesentliche Unterschied zur Gleichstrommaschine besteht darin, daß bei der Gleichstrommaschine Feld und Strombelag räumlich fest sind, während beide Größen bei der Innenpol-Synchronmaschine mit der gleichen Winkelgeschwindigkeit rotieren. Als Folge dieser Ähnlichkeit ergibt sich ein Ersatzschaltbild wie in Bild 7.2 dargestellt.

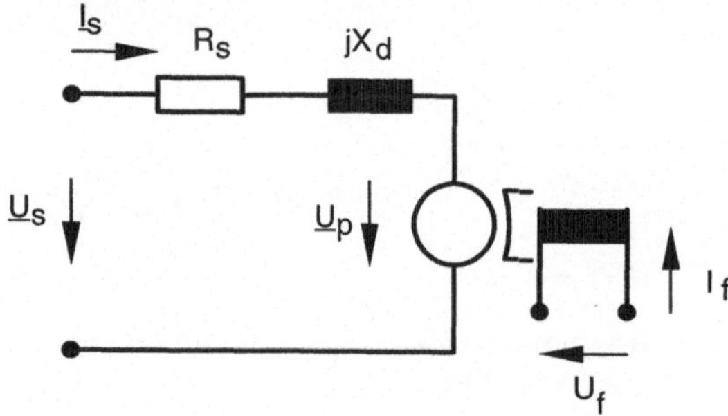

Bild 7.2:
Ersatzschaltbild der Vollpolsynchronmaschine

Entsprechend der Relativbewegung zwischen Erregerfeld und Ständerwicklung wird in dieser eine mit U_p (Polradspannung) bezeichnete Wechselspannung induziert.

$$U_p = M_d^{'} \cdot I_f \cdot \Omega$$

Da im Gegensatz zur Gleichstrommaschine der Kommutator fehlt, handelt es sich um eine Wechselspannung, deren Amplitude proportional zur Konstanten $M_d^{'}$ (geometrische Maschinendaten), zum Erregerstrom I_f und zur mech. Winkelgeschwindigkeit Ω ist. Die Frequenz von U_p ist proportional zu $p \cdot \Omega$. Der Ständerwiderstand R_s ist ebenso wie die Eisenverluste bei Maschinen großer Bauleistung vernachlässigbar gering. Die Reaktanzen des Haupt- und Streufeldes der Ständerwicklung werden zusammengefaßt und in der synchronen Reaktanz $\mathrm{j}X_d$ berücksichtigt.
Aus dem in Bild 7.2 dargestellten Ersatzschaltbild folgt die Spannungsgleichung

$$\underline{U}_s = R_s \underline{I}_s + \mathrm{j}X_d \underline{I}_s + \underline{U}_p$$

Zu beachten ist, daß es sich bei den elektrischen Größen um Zeiger mit im allgemeinen zueinander unterschiedlicher Phasenlage handelt. Durch Umformung der Spannungsgleichung läßt sich unter Vernachlässigung des Ständerwiderstandes R_s der Ständerstrom $\underline{I}_s$ ermitteln:

$$\underline{I}_s = \frac{\underline{U}_s - \underline{U}_p}{\mathrm{j}X_d}$$

$$= -\mathrm{j}\frac{\underline{U}_s}{X_d} + \mathrm{j}\frac{\underline{U}_p}{X_d}$$

Es ist üblich, die Klemmenspannung $\underline{U}_s$ in die reelle Achse (Wirkachse) eines komplexen Koordinatensystemes zu legen. Die Phasenlage der Polradspannung $\underline{U}_p$ wird dann auf diese Achse bezogen. Der zwischen $\underline{U}_s$ und $\underline{U}_p$ liegende "Polradwinkel" wird mit Θ bezeichnet.
Dieser Ausdruck läßt erkennen, daß sich für $\underline{U}_s = \underline{U}_p$ (d.h. für $U_s = U_p$, $\Theta = 0$) der Strom sich zu $\underline{I}_s = 0$ ergibt. Dieser Zustand wird mit Leerlauf be-

zeichnet, in der Maschine werden dann außer der Erregerleistung keine weiteren Leistungen umgesetzt. Bild 7.3 zeigt das für den Leerlauf gültige Zeigerdiagramm.

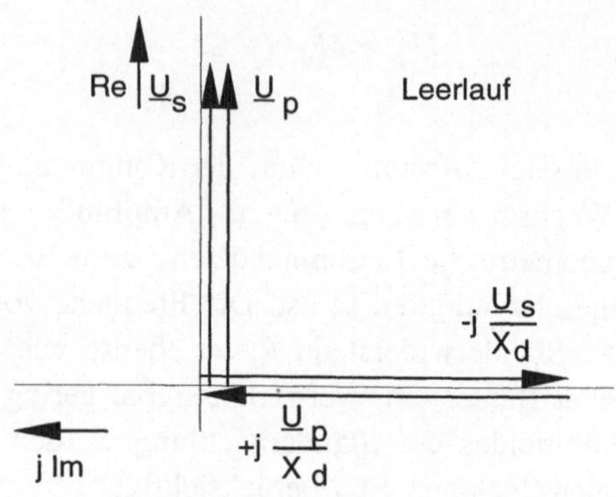

Bild 7.3:
Zeigerdiagramm Vollpolsynchronmaschine am starren Netz
($U_p = U_s$, $M = 0$, Leerlauf)

Phasenschieberbetrieb:

Wird der Erregerstrom I_f verringert, so folgt daraus eine Verringerung der Polradspannung $\underline{U}_p$, die Synchronmaschine wird untererregt betrieben. Als Folge der Differenz $\Delta\underline{U} = \underline{U}_s - \underline{U}_p$ fließt ein Strom

$$\underline{I}_s = -\mathrm{j}\frac{\underline{U}_s}{X_d} + \mathrm{j}\frac{\underline{U}_p}{X_d}$$

Unter Vernachlässigung des Ständerwiderstandes R_s ergibt sich ein der Ständerspannung $\underline{U}_s$ nacheilender reiner Blindstrom (Bild 7.4).

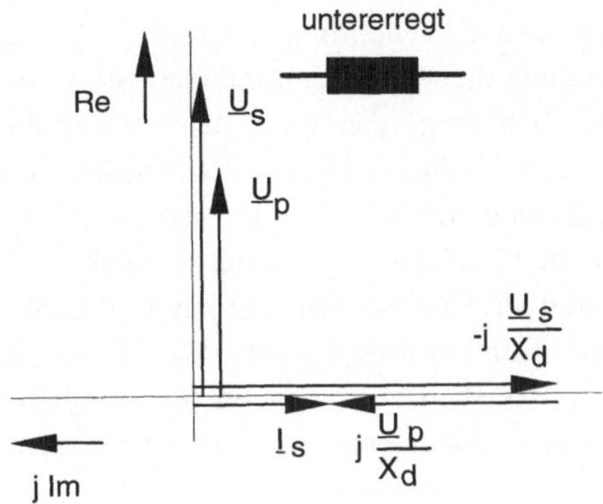

Bild 7.4:
Zeigerdiagramm Vollpolsynchronmaschine am starren Netz
($U_p < U_s$, $M = 0$, Leerlauf)

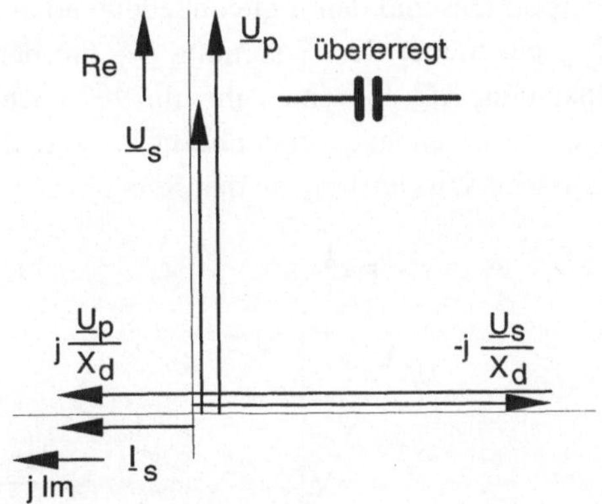

Bild 7.5:
Zeigerdiagramm Vollpolsynchronmaschine am starren Netz
($U_p > U_s$, $M = 0$, Leerlauf)

Im untererregten Betriebszustand verhält sich die Synchronmaschine wie eine Induktivität. Zum Aufbau des Magnetisierungsfeldes wird induktive Blindleistung aus dem Netz benötigt. Wird der Erregerstrom I_f erhöht, so folgt $\underline{U}_p > \underline{U}_s$ (Bild 7.5). In diesem Fall eilt der Strom $\underline{I}_s$ der Spannung $\underline{U}_s$ vor, die Maschine verhält sich im übererregten Betriebszustand wie ein

Kondensator. Man nennt Synchrongeneratoren, die ausschließlich zur Blindleistungserzeugung dienen, Phasenschieber. Sie werden ohne Antriebsmaschine am Netz betrieben, das Netz deckt ausschließlich die in der Maschine auftretenden Verluste. Durch den Einsatz von Blindleistungsgeneratoren in Verbrauchernähe kann das Netz von der Bereitstellung der benötigten Verbraucherblindleistung entlastet werden.
Drehstromgeneratoren in Kraftwerken werden praktisch immer übererregt betrieben, um den Blindleistungsbedarf des Netzes zu decken. Auch Synchronmotoren im Netzbetrieb tragen im übererregten Betrieb dazu bei, den Leistungsfaktor einer Anlage nach außen zu verbessern.

Generator- / Motorbetrieb am Netz:

Wird der Synchronmaschine durch die Turbine an der Antriebswelle ein erhöhtes Moment zugeführt (Generatorbetrieb), so folgt hieraus eine Verdrehung des Erregerpolrades und damit gleichbedeutend eine Verdrehung der Polradspannung $\underline{U}_p$ gegenüber der Spannung $\underline{U}_s$ um den Polradwinkel Θ (Bild 7.6). Die Spannung $\Delta\underline{U}$ hat einen ihr um 90° nacheilenden Ständerstrom $\underline{I}_s$ zur Folge. $\underline{I}_s$ ist nahezu gegenphasig zu $\underline{U}_s$, d.h. der Synchrongenerator gibt elektrische Wirkleistung an das Netz ab.

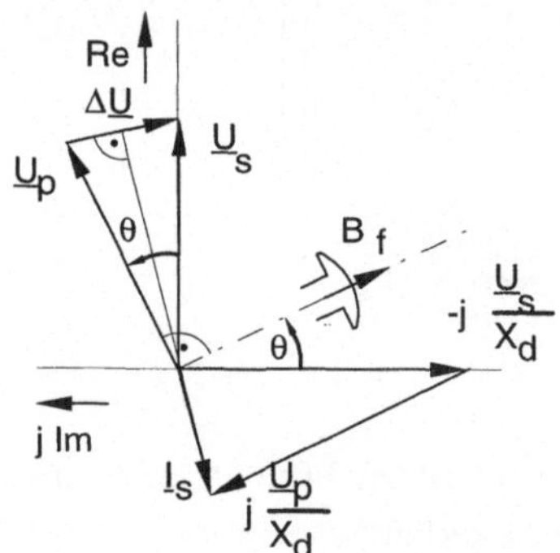

Bild 7.6:
Zeigerdiagramm Vollpolsynchronmaschine am starren Netz (Generatorbetrieb)

Der Polradwinkel Θ stellt sich so ein, daß zwischen der zugeführten mechanischen Leistung und der an das Netz abgegebenen elektrischen Leistung Gleichgewicht herrscht.

Wird die an einem starren Netz betriebene Synchronmaschine dagegen mechanisch belastet (Motorbetrieb), so erfolgt die Verdrehung des Polrades in entgegengesetzter Richtung, das Polrad bleibt gegenüber dem umlaufenden Ständersystem zurück (Bild 7.7). Die auftretende Spannungsdifferenz $\Delta \underline{U}$ hat wiederum einen Strom $\underline{I}_s$ zur Folge, der in diesem Fall jedoch nahezu phasengleich zur Spannung $\underline{U}_s$ ist, die Maschine nimmt Wirkleistung aus dem Netz auf.

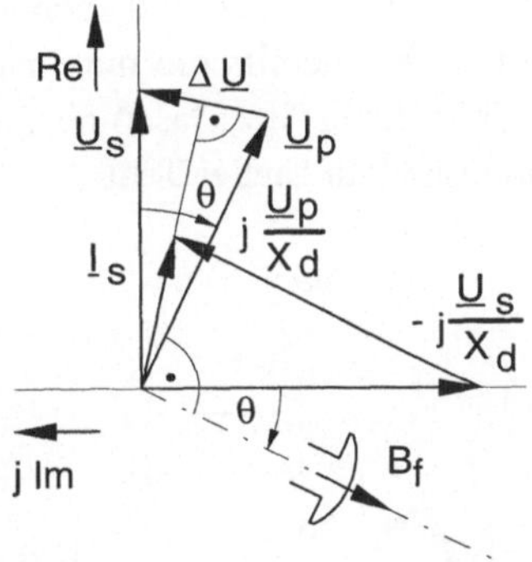

Bild 7.7:
Zeigerdiagramm Vollpolsynchronmaschine am starren Netz (Motorbetrieb)

7.3 Stromortskurve

Bei Vernachlässigung des ohmschen Ständerwiderstandes R_s besteht der Strom $\underline{I}_s$ einer am starren Netz betriebenen Synchronmaschine aus zwei Komponenten

$$\underline{I}_s = -\mathrm{j}\frac{\underline{U}_s}{X_d} + \mathrm{j}\frac{\underline{U}_p}{X_d}$$

Hieraus folgt für die Ortskurve des Ständerstromes ein Kreis mit dem Radius U_p/X_d und dem Mittelpunkt an der Spitze des Zeigers $-j\underline{U}_s/X_d$ sofern der Zeiger $\underline{U}_s$ in die reelle Achse gelegt wird (Bild 7.8).
Wegen der Proportionalität zwischen Polradspannung U_p und Erregerstrom I_f ergibt sich eine Schar von konzentrischen Kreisen. Der Kreis für $U_p = U_s$ verläuft durch den Koordinatenursprung. Für $U_p < U_s$ besteht stets Untererregung, für $U_p > U_s$ und geringer Wirklast wird Blindstrom an das Netz abgegeben.
Für $\Theta \geq 90°$ ist die Stabilitätsgrenze erreicht. Einer Erhöhung der an der Welle abgegebenen mechanischen Leistung kann durch Erhöhung der zugeführten elektrischen Leistung nicht entgegengewirkt werden, da bei konstanter Erregung für $\Theta = 90°$ bereits die maximale elektrische Leistung umgesetzt wird. Bei $\Theta \geq 90°$ kann die Maschine ihren Synchronlauf nicht aufrecht erhalten, die Maschine fällt "außer Tritt".

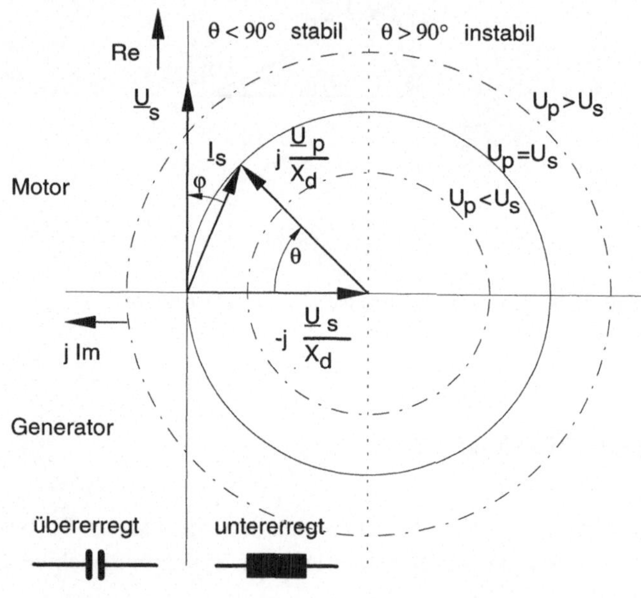

Bild 7.8:
Stromortskurve der Vollpolsynchronmaschine ($R_s = 0$)

7.4 Drehmoment

Aus der Stromortskurve ergibt sich die Wirkstromkomponente

$$I_w = I_s \cos\varphi = \frac{U_p}{X_d} \sin\ \theta$$

Damit folgt für die Ständerwirkleistung einer m-strängigen Maschine

$$P_{sw} = m\, U_s\, I_s \cos\varphi = m U_s \frac{U_p}{X_d} \sin\theta$$

Für die mechanische Leistung gilt

$$P_{mech} = M\,\Omega$$

Da unter der getroffenen Annahme $R_s = 0$ die mechanische Leistung der elektrischen Leistung entsprechen muß, folgt für das Drehmoment M

$$M = m\,\frac{U_s\, U_p}{\Omega\, X_d} \sin\Theta = m\,\frac{U_s\, M_d'\, I_f}{X_d} \sin\Theta$$

Ausgehend von dem Leerlaufpunkt ($M = 0,\ \Theta = 0$) nimmt das Moment sinusförmig mit dem Polradwinkel Θ zu. Mit Überlastbarkeit $ü$ bezeichnet man das auf das Nennmoment bezogene Kippmoment.

Überlastbarkeit: $$ü = \frac{M_K}{M_N} = \frac{1}{\sin\Theta}$$

Im Nennbetrieb erreichen Turbogeneratoren einen Polradwinkel von etwa $\Theta = 30°$. Die daraus resultierende Überlastbarkeit $ü \approx 2$ bildet einen hinreichenden Abstand zur Stabilitätsgrenze.

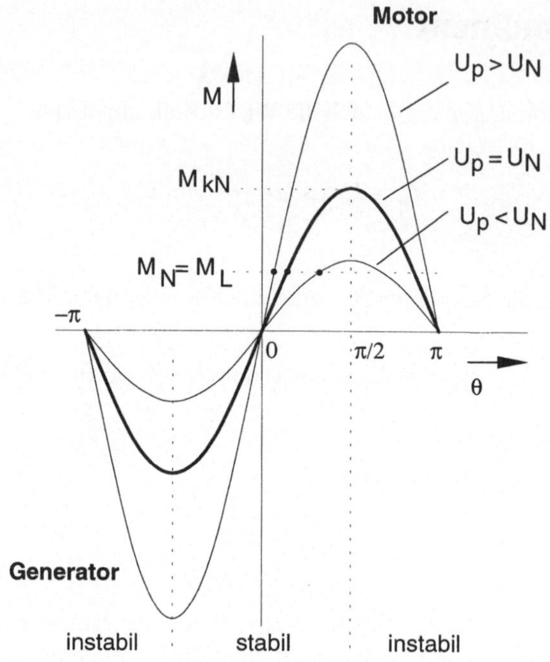

Bild 7.9:
Drehmomentverlauf der Vollpolsynchronmaschine ($R_s = 0$)

7.5 Synchrongenerator im Einzelbetrieb

Synchronmaschinen arbeiten vielfach von Turbinen oder Verbrennungsmotoren angetrieben im Generatorbetrieb und geben Leistung an einen begrenzten Verbraucherkreis ab (netzunabhängiger Inselbetrieb). In diesem Fall kann nicht von einer konstanten Amplitude der Klemmenspannung ausgegangen werden.

Im folgenden wird dargestellt, in welcher Weise die Klemmenspannung von Art und Größe der passiven Last abhängig ist. Bild 7.10 zeigt das zugrundegelegte ESB der Maschine mit einer beliebig anzunehmenden Last Z_L. Besonders übersichtlich werden die Verhältnisse, wenn rein reelle oder imaginäre Lastimpedanzen angenommen werden. Die Ausgangsspannung U_s wird auf die Polradspannung U_p und der Laststrom I_s auf den Dauerkurzschlußstrom I_K normiert. Der Erregerstrom I_f und damit die Polradspannung U_p sowie die Drehzahl (Frequenz) bleiben konstant.

$$\text{Dauerkurzschlußstrom: } I_K = \frac{U_p}{X_d}$$

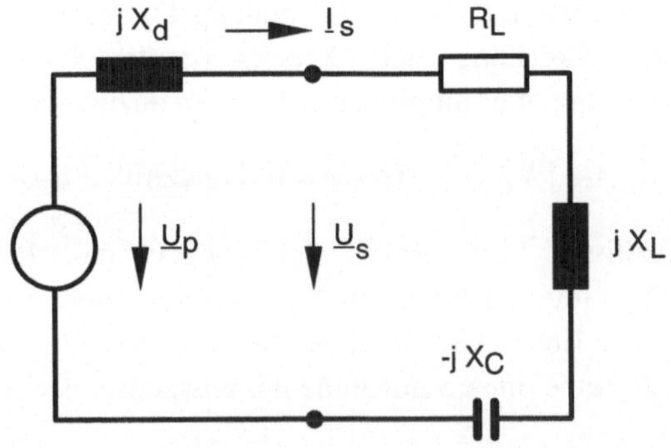

Bild 7.10:
Vollpolsynchronmaschine im Einzelbetrieb ($R_s = 0$)

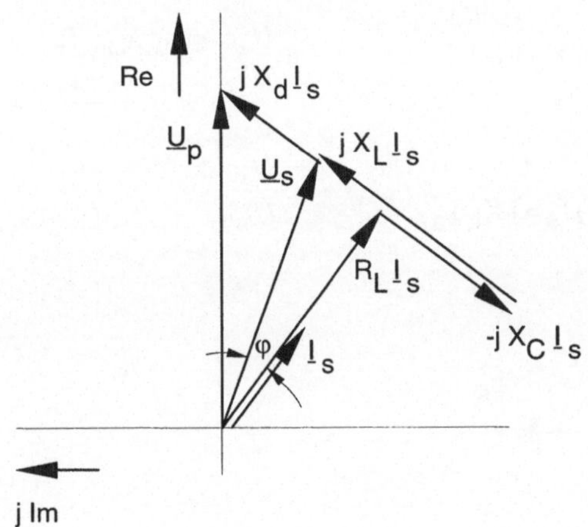

Bild 7.11:
Vollpolsynchronmaschine im Einzelbetrieb (Zeigerdiagamm)

$$Z_L = \mathrm{j}\, X_L \quad (\cos\varphi = 0, \text{ induktive Last}):$$

Bei rein induktiver Last ergibt sich die Ausgangsspannung U_s wie in Bild 7.12 dargestellt. Entsprechend einer Geradengleichung zeigt die Amplitude der Ausgangsspannung U_s eine lineare Abnahme mit zunehmendem Laststrom I_s.

$$Z_L = R \qquad (\cos\varphi = 1, \text{ ohmsche Last}):$$

Bei rein ohmscher Last sind Ausgangsspannung U_s und Strom I_s in Phase. Entsprechend der Gleichung eines Kreises ist der Spannungsabfall bei kleinen Strömen gering, um mit größeren Strömen anzuwachsen (Bild 7.13).

$$Z_L = -\mathrm{j}\, X_C \qquad (\cos\varphi = 0, \text{ kapazitive Last}):$$

Bei rein kapazitiver Last ergibt sich wegen des Resonanzeffektes ($Z_{ges} = \mathrm{j}X_d - \mathrm{j}X_C$) mit zunehmendem Laststrom I_s eine Erhöhung der Ausgangsspannung U_s. Entsprechend einer Geradengleichung zeigt die Ausgangsspannung U_s eine lineare Zunahme mit anwachsendem Laststrom I_s. (Bild 7.14).

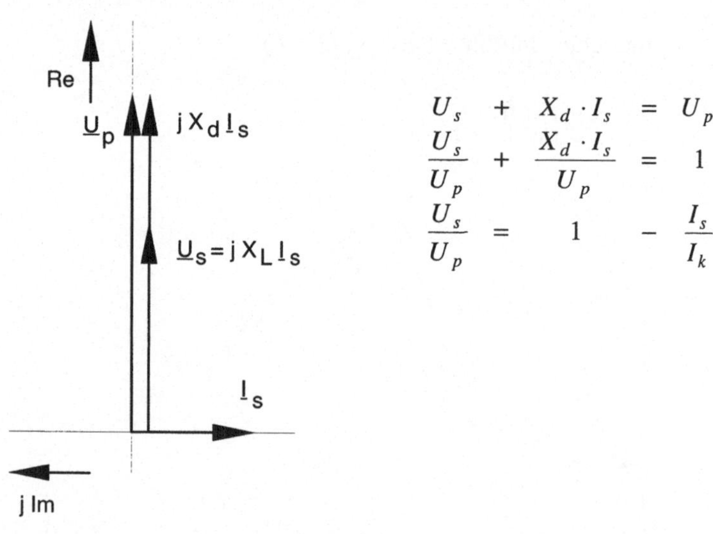

$$U_s + X_d \cdot I_s = U_p$$

$$\frac{U_s}{U_p} + \frac{X_d \cdot I_s}{U_p} = 1$$

$$\frac{U_s}{U_p} = 1 - \frac{I_s}{I_k}$$

Bild 7.12:
Einzelbetrieb (induktive Belastung)

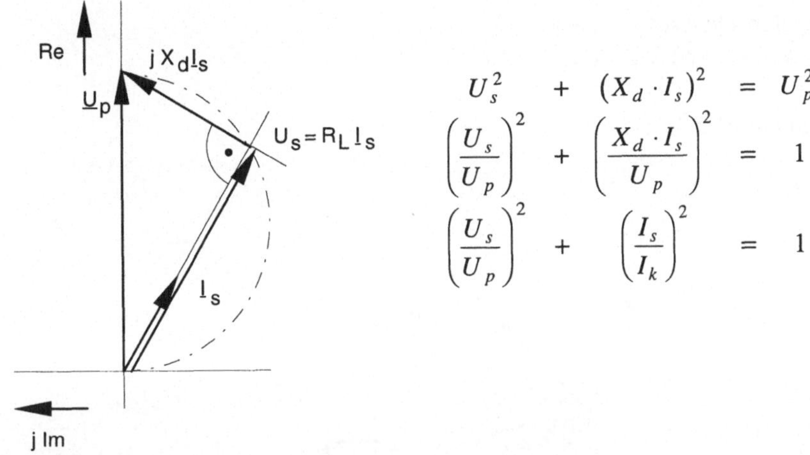

$$U_s^2 + (X_d \cdot I_s)^2 = U_p^2$$
$$\left(\frac{U_s}{U_p}\right)^2 + \left(\frac{X_d \cdot I_s}{U_p}\right)^2 = 1$$
$$\left(\frac{U_s}{U_p}\right)^2 + \left(\frac{I_s}{I_k}\right)^2 = 1$$

Bild 7.13:
Einzelbetrieb (ohmsche Belastung)

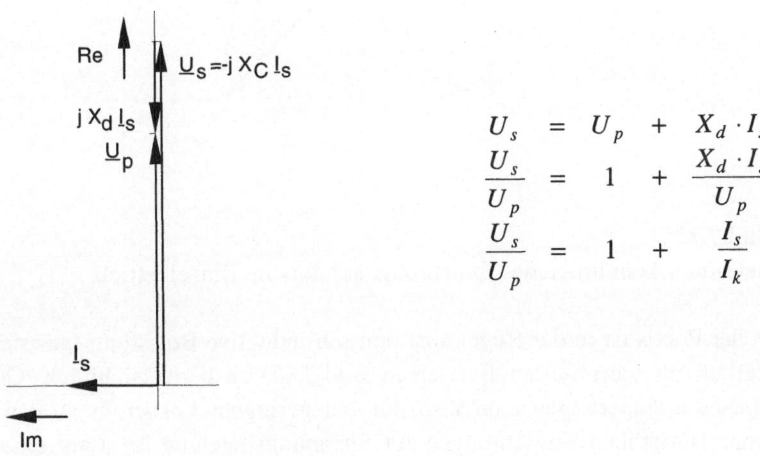

$$U_s = U_p + X_d \cdot I_s$$
$$\frac{U_s}{U_p} = 1 + \frac{X_d \cdot I_s}{U_p}$$
$$\frac{U_s}{U_p} = 1 + \frac{I_s}{I_k}$$

Bild 7.14:
Einzelbetrieb (kapazitive Belastung)

Die Belastungskennlinien für die drei angenommenen Fälle

- induktive Last ($\cos\varphi = 0$)
- ohmsche Last ($\cos\varphi = 1$)
- kapazitive Last ($\cos\varphi = 0$)

sind in Bild 7.15 dargestellt.

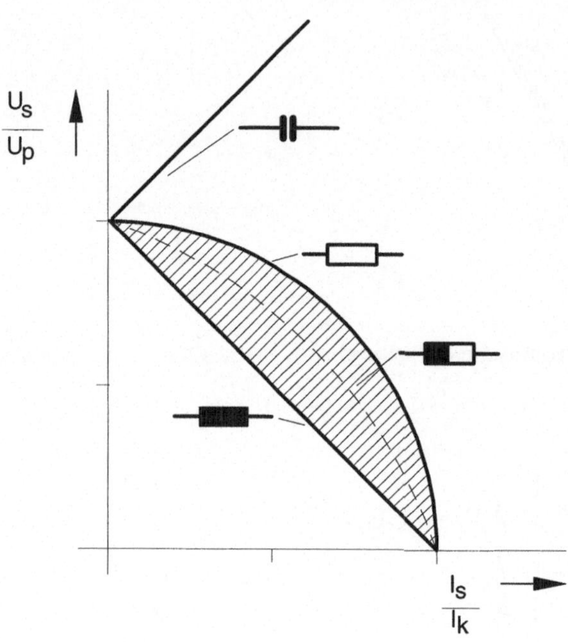

Bild 7.15:
Belastungskennlinien des Synchrongenerators im Einzelbetrieb

In der Praxis ist in der Regel eine ohmsch-induktive Belastung (gestrichelter Verlauf im schraffierten Bereich in Bild 7.15) zu berücksichtigen. Geringe Spannungsänderungen sind also nur bei geringem Laststrom zu erwarten. Ohne zusätzliche Einrichtungen zur Spannungsregelung ist somit eine hohe Konstanz der Ausgangsspannung verbunden mit einer niedrigen Ausnutzung des Synchrongenerators.

Um bei hoher Maschinenausnutzung zugleich eine hohe Spannungskonstanz zu erzielen, ist eine zusätzliche Regelungseinrichtung erforderlich (Bild 7.16).

Die tatsächliche Ausgangsspannung $U_{s,ist}$ wird gemessen und mit einem vorgegebenen Sollwert U_{soll} verglichen. Die Differenz ΔU wird einem Regler zugeführt, dessen Ausgangssignal wiederum über ein elektronisches Stellglied den Erregerstrom I_f beeinflußt. Bei zu geringer Ausgangsspannung U_s wird durch Erhöhen des Erregerstromes I_f die Polradspannung U_p solange erhöht, bis die Ausgangsspannung U_s dem geforderten Sollwert U_{soll} entspricht.

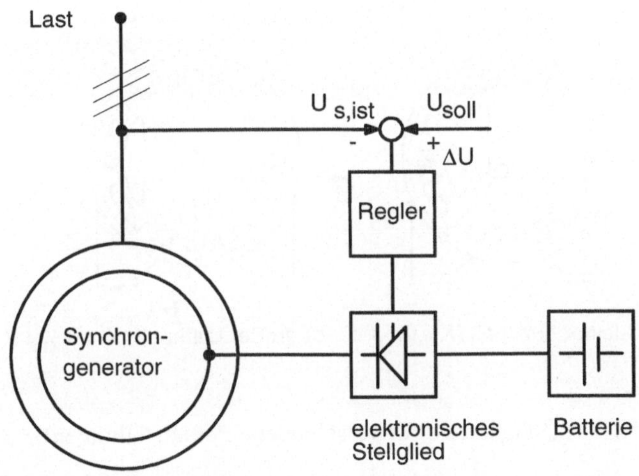

Bild 7.16:
Regelung der lastabhängigen Ausgangsspannung

Schenkelpolsynchronmaschine

Unabhängig von der räumlichen Stellung des Polrades relativ zu dem von der Ständerwicklung erzeugten Feld ergeben sich bei der Vollpolsynchronmaschine stets die gleichen magnetischen Verhältnisse. Wie Bild 7.17 zeigt, gilt dies nicht für die Schenkelpolsynchronmaschine. Die Betrachtung der magnetischen Verhältnisse für eine angenommene Richtung des Ständerfeldes zeigt, daß das Feld in Abhängigkeit der Polradstellung unterschiedliche Luftspalte vorfindet:

- fallen Erregerachse (d – Achse des Polrades) und Richtung des Ständerfeldes zusammen (Bild 7.17a), so ergibt sich für den gesamten magnetischen Kreis eine hohe magnetische Leitfähigkeit. Die synchrone Reaktanz hat einen großen Wert und entspricht dem der Vollpolsynchronmaschine ($X = X_d$).
- steht die Erregerachse des Polrades quer zum Ständerfeld (q – Achse des Polrades in Richtung des Ständerfeldes), so ergibt sich für den gesamten magnetischen Kreis eine geringe magnetische Leitfähigkeit (Bild 7.17b). Die synchrone Reaktanz hat einen geringeren Wert ($X = X_q < X_d$).

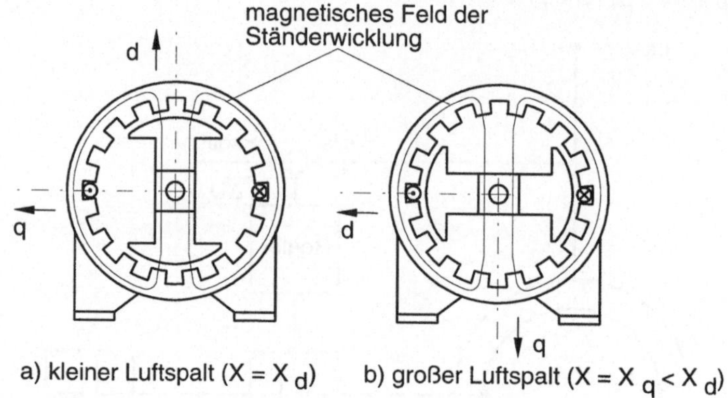

Bild 7.17:
Schenkelpol-SM (Ständerfeld für verschiedene Polradstellungen)

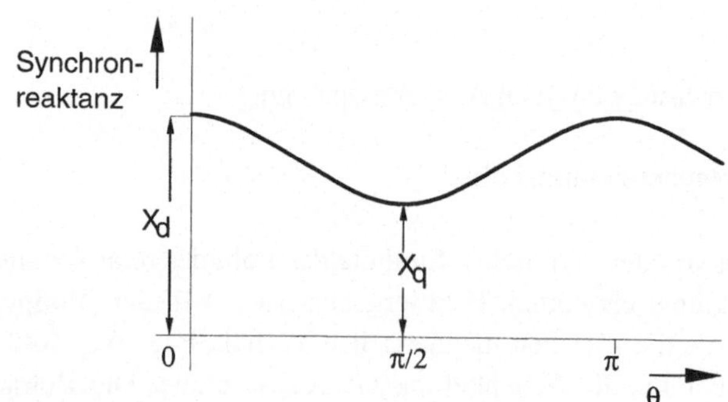

Bild 7.18:
Schenkelpolsynchronmaschine (Synchronreaktanz)

Bei der Schenkelpolsynchronmaschine schwankt die synchrone Reaktanz in Abhängigkeit vom Polradwinkel Θ zwischen dem Maximalwert X_d und dem Minimalwert X_q (Bild 7.18).

Die Stromortskurve ändert im Vergleich zu Bild 7.8 ihre Form wie in Bild 7.19 dargestellt.

Der Ständerstrom $\underline{I}_s$ wird aus drei Stromanteilen gebildet. Für $X_d = X_q$ geht die Stromortskurve der Schenkelpolsynchronmaschine in die der Vollpolsynchronmaschine über. Das Drehmoment der Schenkelpolsynchronmaschine erfährt durch die in d– und q–Achse des Läufers unterschiedlichen magnetischen Eigenschaften gegenüber der Vollpolsynchronmaschine einen zusätzlichen Term (Bild 7.20).

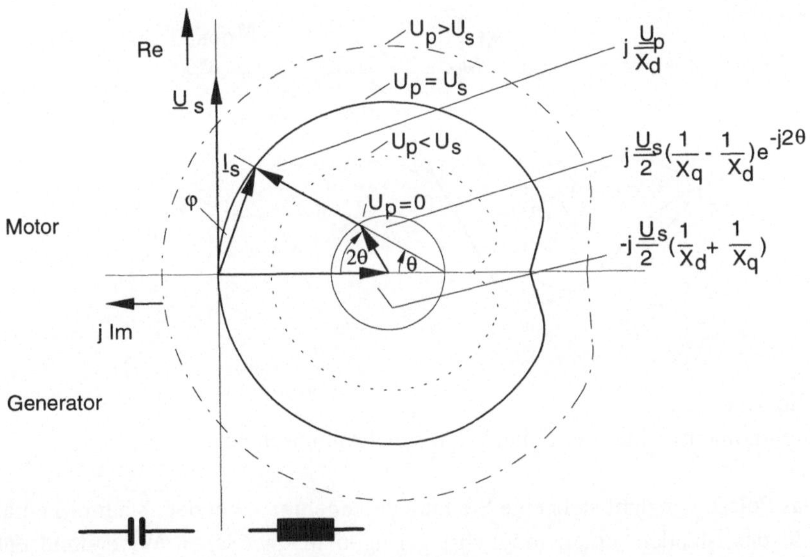

Bild 7.19:
Stromortskurve der Schenkelpolsynchronmaschine

$$M = m\frac{U_s U_p}{\Omega X_d}\sin\theta + m\frac{U_s^2}{2\Omega X_d}\left(\frac{1}{X_q}-\frac{1}{X_d}\right)\sin 2\theta$$

$$= M_V \sin\theta + M_R \sin 2\theta$$

Der erste Term ($M_V \sin\Theta$) entspricht dem der Vollpolsynchronmaschine und beruht auf der Wechselwirkung zwischen dem Erregerfeld des Polrades und den Strömen in der Ständerwicklung.
Der zweite Term ($M_R \sin\Theta$) berücksichtigt, daß die Schenkelpolsynchronmaschine auch ohne Erregung ein mechanisches Drehmoment liefert.

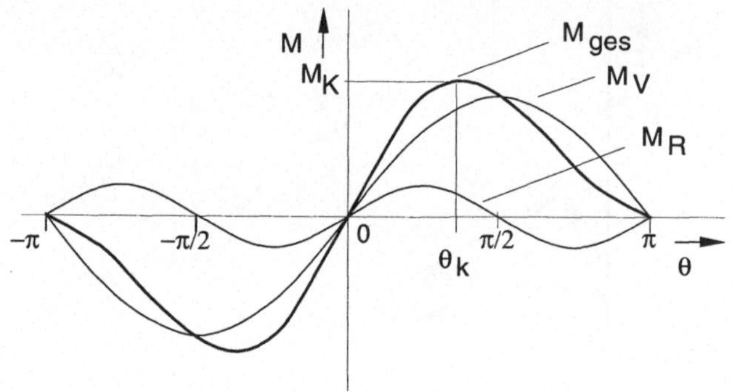

Bild 7.20:
Drehmomentverlauf der Schenkelpolsynchronmaschine

Das Polrad versucht stets eine Stellung einzunehmen, bei der es dem Magnetfeld des Ständers einen möglichst geringen magnetischen Widerstand entgegensetzt (d – Achse in Feldrichtung). Einer Auslenkung aus der Ruhelage ($\Theta = 0°$), z.B. durch ein äußeres Moment, wirkt ein Reaktionsmoment M_R entgegen. Die im Vergleich zum Erregerfeld doppelte Periodizität beruht auf der magnetischen Gleichheit beider Erregerpole, die dazu führt, daß bereits nach der Drehung um eine Polteilung ein Zustand entsprechend der Ausgangslage eingenommen wird.

Aufgabe 5:

Folgende Daten einer Vollpolsynchronmaschine sind bekannt (Ständer-, Eisen- und Reibungsverluste sind zu vernachlässigen):

- Zahl der Stränge: $m = 3$
- Netzfrequenz: $f = 50\,\text{Hz}$
- synchrone Drehzahl: $n_0 = 500\,\text{min}^{-1}$
- synchrone Reaktanz: $X_d = 11\,\Omega$
- Polradspannung je Strang: $U_p = 110\,\text{V}$

(Klemmen offen, $I_f = 0{,}5 \cdot I_{fN}$)

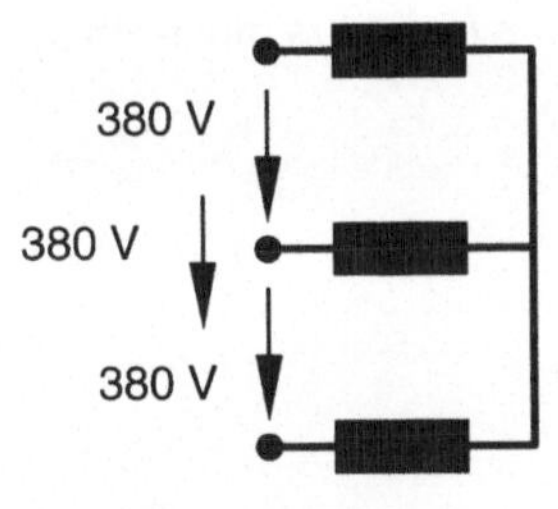

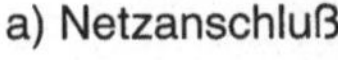

a) Netzanschluß

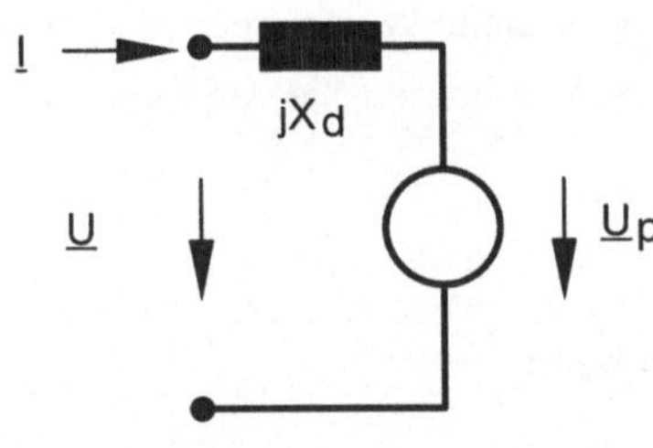

b) ESB (ein Strang)

a) Bestimmen Sie die Polpaarzahl p. Welcher Wert würde sich für den Strom bei Kurzschluß eines Stranges ergeben (Maschine nicht am Netz)?

b) Die Maschine wird im Leerlauf ($M_{mech} = 0$) in Sternschaltung an einem 380 V – Netz mit $I_f = 0{,}5\, I_{fN}$ betrieben.
   - Welchen Wert hat die an den Klemmen eines Stranges anliegende Netzspannung?
   - Wird die Maschine über- oder untererregt betrieben?
   - Geben Sie das prinzipielle Zeigerdiagramm der Spannungen und Ströme an.
   - Welchen Wert hat der Strangstrom?
   - Um wieviel müßte der Erregerstrom verändert werden, damit $I_f = 0$ wird?

c) Die Maschine wird bei Netzspeisung und $I_f = 0{,}5 \cdot I_{fN}$ mechanisch belastet.

- Geben Sie das prinzipielle Zeigerdiagramm der Spannungen und Ströme für den Betrieb im Kippunkt an.
- Bestimmen Sie das Kippmoment $M_{\max}$.
- Kann die Maschine praktisch im Kippunkt betrieben werden?

d) Der Erregerstrom wird auf $I_f = I_{fN}$ erhöht.

- Welcher Polradwinkel Θ stellt sich bei einer mechanischen Belastung mit $M_{mech} = 126\,\text{Nm}$ ein ?
- Welche Werte ergeben sich für Wirkstrom I_w und Blindstrom I_b?
- Bestimmen Sie den Leistungsfaktor $\cos\varphi$.

Aufgabe 6:

Von einer Vollpolsynchronmaschine sind folgende Daten bekannt (Ständer- und Reibungsverluste sind zu vernachlässigen):

- Sternschaltung
- Nennleistung $P_{mech\,N} = 53\,\text{kW}$
- Nenndrehzahl (50 Hz) $n_N = 3000\,\text{min}^{-1}$
- Nennspannung $U_{verk} = 380\,\text{V}/50\,\text{Hz}$

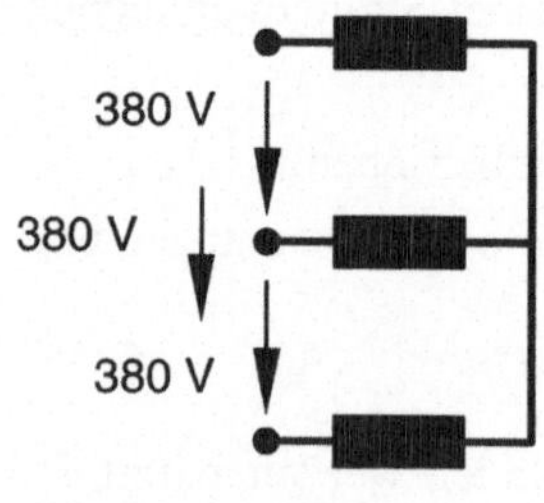

a) Netzanschluß

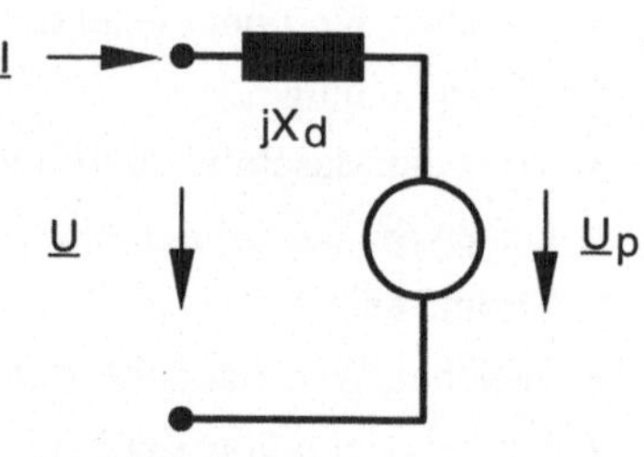

b) ESB (ein Strang)

Im Rahmen einer Messung wurde die Maschine vom Netz getrennt und mechanisch angetrieben. Hierbei wurden folgende Daten ermittelt:

- Nennerregung $I_f = I_{fN}$
- Antriebsdrehzahl $n = 1000\ \text{min}^{-1}$
- Polradspannung $U_{p0} = 190\ \text{V}$ (verkettet)
- Kurzschlußstrom $I_{K0} = 126\ \text{A}$ (Strang)

Fragen:

- Welche Werte folgen für Polpaarzahl und mech. Nennmoment ?
- Welche Frequenz ergab sich bei $n = 1000\ \text{min}^{-1}$ für die Ständerspannung ?
- Welcher Wert ergab sich für die synchrone Reaktanz X_d bei der Messung ?
- Welchen Wert hat X_d bei Betrieb der Maschine an einem $50\ \text{Hz}$ – Netz und $n = 3000\ \text{min}^{-1}$?

Die Erregung der Maschine wird abgeschaltet ($I_f = 0$)!

- Welchen Strom nimmt die Maschine je Strang beim Anschluß an ein $380\ \text{V}/50\ \text{Hz}$ – Drehstromnetz auf ?
- Ist dies ein Wirk- oder ein Blindstrom ?
- Wird sich die Maschine bei $I_f = 0$ drehen bzw. ein Moment abgeben ?

Die Maschine wird nun bei Nennerregung ($I_f = I_{fN}$) am $380\ \text{V}$ – Netz als Motor betrieben und gibt dabei eine Leistung von $P_{mech} = 46{,}8\ \text{kW}$ ab.
Bitte bestimmen Sie:

- die Polradspannung
- den Strangstrom
- den Leistungsfaktor
- den Polradwinkel

Wird die Maschine über- oder untererregt betrieben ?

8 Asynchronmaschine

8.1 Aufbau

Wegen ihrer einfachen Konstruktion spielt die Asynchronmaschine (ASM) in der Antriebstechnik eine große Rolle. Im Leistungsbereich bis etwa 1 kW findet sie vielfach im Haushaltsmaschinenbereich Anwendung (z.B. Waschmaschine, Kühlschrank, Ölbrenner, Pumpen, Lüfter). Ein weiteres verbreitetes Anwendungsgebiet sind Werkzeugmaschinenantriebe. Große ASM mit Antriebsleistungen von 20 MW werden in Kraftwerken zum Antrieb von Kesselspeisepumpen eingesetzt.

Zusammenfassend kennzeichnen die ASM folgende vorteilhafte Merkmale:

- einfacher Aufbau
- wenig Verschleißteile
- geräuscharmer Betrieb
- kostengünstige Herstellung
- keine Maßnahmen zur Entstörung erforderlich
- läuft selbsttätig an

Nachteilig sind:

- im Vergleich zur Leistung hohes Gewicht
- aufwendige Maßnahmen zur Drehzahlverstellung

Als Drehfeldmaschine besitzt die ASM im Ständer eine in der Regel dreisträngige Drehstromwicklung. Im Läufer ist entweder eine Kurzschlußwicklung angeordnet, die aus massiven Cu- oder Al-Stäben besteht, welche axial angeordnet und an den Stirnseiten durch Kurzschlußringe elektrisch leitend miteinander verbunden sind (Käfigwicklung, Bild 8.1), oder der Läufer trägt gleichfalls eine Drehstromwicklung, deren elektrische Anschlüsse über Schleifringe von außen zugänglich sind (Bild 8.2).

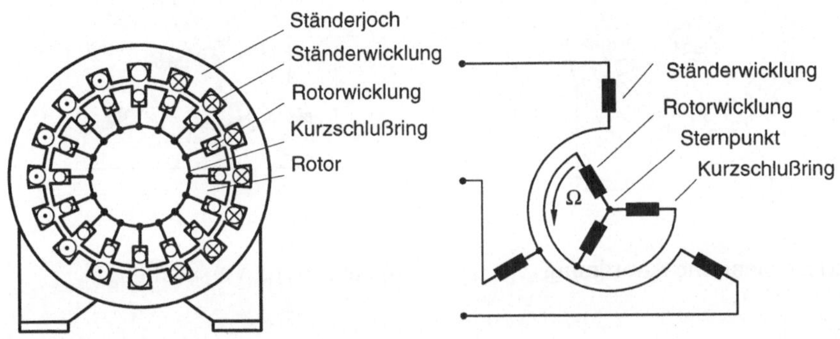

a) mechanische Anordnung b) elektrische Verschaltung

Bild 8.1:
Schnittbild einer Asynchronmaschine (Kurzschlußläufer)

Läufer und Ständer sind im Hinblick auf die Wirbelstromverluste geblecht. Die Bezeichnung "Asynchronmaschine" deutet darauf hin, daß die Funktion auf einem Drehzahlunterschied zwischen der umlaufenden Feldwelle des Stators und dem mechanisch umlaufenden Läufer beruht. Im Motorbetrieb dreht sich der Läufer mit einer geringeren Drehzahl als die Feldwelle des Ständers, im Generatorbetrieb hingegen mit einer höheren Drehzahl. Die jeweilige Drehzahlabweichung wird als Schlupf s bezeichnet.
Steht der Läufer still, so wird in der Läuferwicklung durch die umlaufende Feldwelle des Ständers eine Spannung induziert, deren Frequenz der des Ständersystemes entspricht. Drehen sich die Feldwelle des Ständers und der Läufer mit gleicher Drehzahl in die gleiche Richtung, so ist die Relativgeschwindigkeit Null und damit auch sowohl die Amplitude als auch die Frequenz der im Läufer induzierten Spannung.

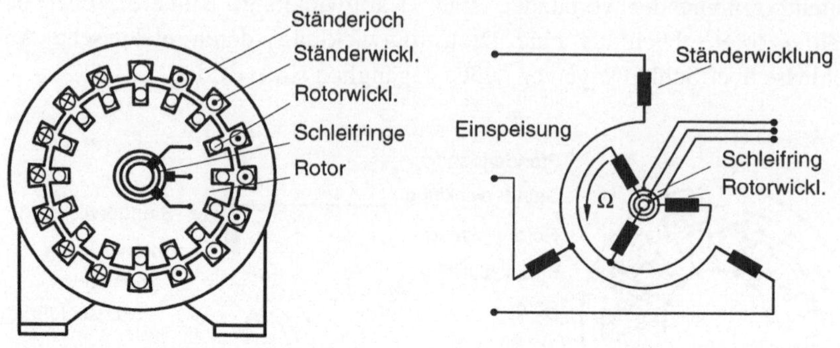

a) mechanische Anordnung b) elektrische Verschaltung

Bild 8.2:
Schnittbild einer Asynchronmaschine (Schleifringläufer)

$$s = \frac{f_r}{f_s} = \frac{n_s - n_r}{n_s}$$

s: Schlupf

f_s: el. Frequenz der Ständergrößen

f_r: el. Frequenz der Rotorgrößen

$n_s = \frac{f_s}{p}$: „Drehzahl" des Ständerfeldes

n_r: mech. Drehzahl des Läufers

8.2 Wirkungsweise

Prinzipiell handelt es sich bei der Asynchronmaschine um einen Drehstromtransformator. Die Ströme der ständerseitigen Drehstromwicklung (i_{s1}, i_{s2}, i_{s3}) haben ein mit der synchronen Drehzahl $n_s = f_s / p$ umlaufendes Feld ($\underline{B}_s$) zur Folge.

Bei festgebremstem Rotor werden in den Läuferwicklungen die Spannungen U_{r1}, U_{r2}, U_{r3} induziert. Die Amplitude der läuferseitigen Spannungen hängt von den Wicklungsdaten, die relative Phasenlage hängt von dem geometrischen Winkel φ zwischen den Achsen der Ständer- und der Rotorwicklung ab.

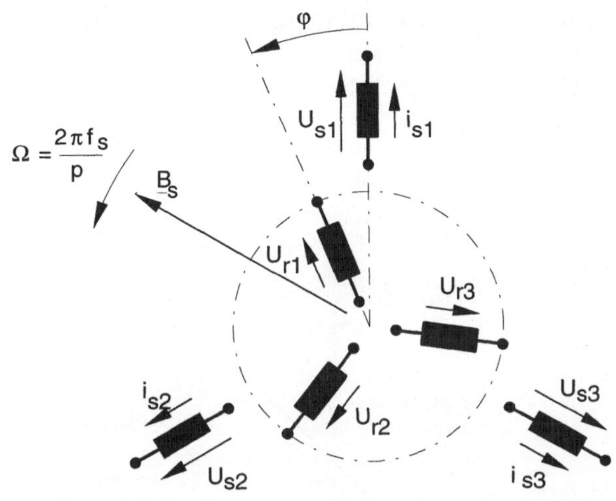

Bild 8.3:
Drehtransformator

Alle drei rotorseitig induzierten Spannungen haben relativ zueinander eine zeitlich um 120° versetzte Phasenlage. Die Verdrehung des Rotors bewirkt lediglich eine Änderung der Phasenlage zwischen Ständer- und Rotorsystem. Werden die Stränge der Ständerwicklung und der Rotorwicklung jeweils in Reihe geschaltet, so können durch die damit erfolgte Addition der primärseitigen und der sekundärseitigen Teilspannungen diese für eine stufenlose Verstellung der Ausgangsspannung genutzt werden (Anwendung in Laboratorien). Wird der Rotor mit einer Drehzahl angetrieben, die nach Betrag und Richtung dem umlaufenden Ständerfeld entspricht (synchrone Drehzahl), so sind Frequenz und Amplitude der in der Läuferwicklung induzierten Spannung Null. Demnach gilt die folgende Schlupfabhängigkeit der Läufergrößen (Bild 8.4):

$U_{qr} = s \cdot U_{qr0}$ Amplitude der Rotorspannung

$f_r = s \cdot f_s$ Frequenz der Rotorspannung

$s = \dfrac{n_s - n_r}{n_s}$ Schlupf

Werden die Stränge der Läuferwicklung entweder direkt kurzgeschlossen oder aber mit Widerständen belastet, so fließen in der Rotorwicklung Ströme, die einen Strombelag zur Folge haben. Die Drehzahl des Rotorstrombelages relativ zum Rotor beträgt:

$$n_A = s \cdot n_s$$

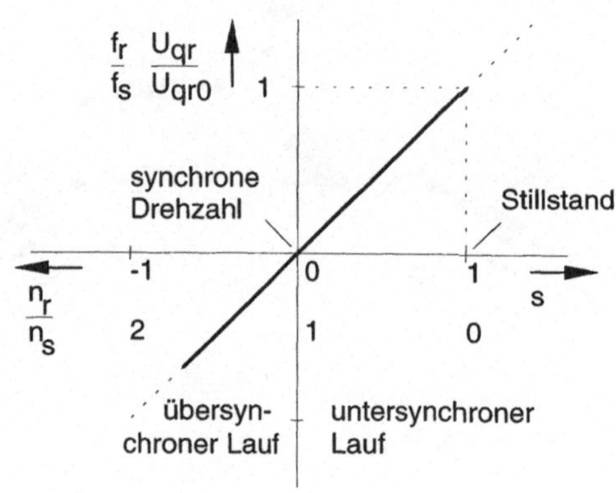

Bild 8.4:
Rotorgrößen in Abhängigkeit vom Schlupf

Um die Relativdrehzahl zwischen Rotorstrombelag und Ständerfeldwelle zu ermitteln, wird zur Relativdrehzahl des Rotorstrombelages gegenüber dem Rotor die Rotordrehzahl selbst addiert:

$$n_A = s \cdot n_s$$

$$n_r = n_s - s \cdot n_s$$

$$n_A + n_r = n_s$$

Das Ergebnis zeigt, daß die Drehzahl des Rotorstrombelages unabhängig vom Schlupf s stets identisch ist mit der Drehzahl des Ständerfeldes.
Aus dem Zusammenwirken der Ständerfeldwelle und des Rotorstrombelages wird das Drehmoment des Rotors gebildet. Dieses Moment ist zeitunabhängig und proportional dem Produkt der Amplituden von Drehfeld und Läuferstrombelag sowie dem Cosinus des Winkels zwischen beiden Wellen. Da im synchronen Lauf die in der Rotorwicklung induzierte Spannung und damit auch der Strombelag Null ist, kann die Asynchronmaschine nur bei asynchroner Drehzahl ein Drehmoment entwickeln. Ausgehend von synchroner Drehzahl nimmt das Drehmoment mit anwachsendem Schlupf zunächst linear zu.

8.3 Ersatzschaltbild

Die physikalische Verwandtschaft der Asynchronmaschine mit einem Transformator kommt auch durch das Ersatzschaltbild, welches für einen Strang gültig ist, zum Ausdruck.

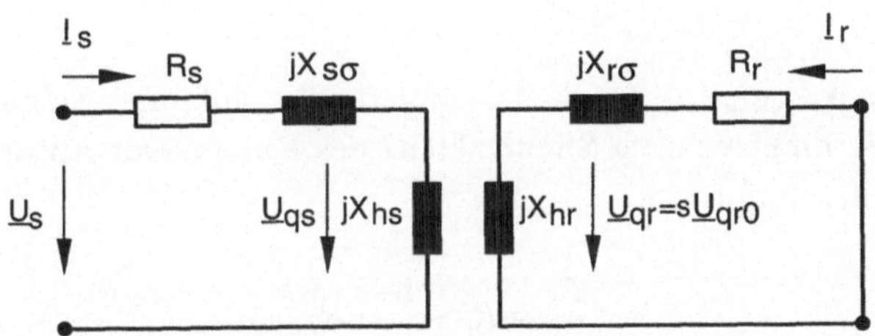

Bild 8.5:
Ersatzschaltbild der Asynchronmaschine (Kurzschlußläufer)

Die Spannungsgleichungen der beiden Maschen lauten:

Ständer: $\underline{U}_s = R_s \underline{I}_s + \mathrm{j}\,\omega_s\, L_{s\sigma} \underline{I}_s + \underline{U}_{qs}$

Rotor: $0 = R_r \underline{I}_r + \mathrm{j}\,\omega_r\, L_{r\sigma} \underline{I}_r + s\, \underline{U}_{qr0}$

Um wie beim Transformator eine galvanisch gekoppelte Ersatzschaltung der Wicklungen zu erhalten, werden die Rotorgrößen auf die Ständerseite umgerechnet. Hierbei ist zunächst die Umrechnung entsprechend dem Windungszahlenverhältnis zu berücksichtigen:

$$U_{qr0}^{'} = \frac{w_s}{w_r} U_{qr0}, \quad I_r^{'} = \frac{w_r}{w_s} I_r, \quad R_r^{'} = \left(\frac{w_s}{w_r}\right)^2 R_r, \quad L_{r\sigma}^{'} = \left(\frac{w_s}{w_r}\right)^2 L_{r\sigma}$$

In einem zweiten Schritt wird die Abhängigkeit (von Amplitude und Frequenz) der im Rotorkreis induzierten elektrischen Größen vom Schlupf eliminiert. Dies geschieht durch Division der für den Rotor gültigen Spannungsgleichung durch den Schlupf s

$$\text{Rotor:} \qquad 0 = \frac{R_r^{'}}{s} \cdot \underline{I}_r^{'} + \mathrm{j}\,\frac{\omega_r}{s} \cdot L_{r\sigma}^{'} \cdot \underline{I}_r^{'} + \underline{U}_{qr0}^{'}$$

$$\frac{\omega_r}{s} = \omega_s$$

$$\omega_s \cdot L_{r\sigma}^{'} = X_{r\sigma}^{'}$$

Der Ausdruck $(\omega_r / s) \cdot L_{r\sigma}^{'} = X_{r\sigma}^{'}$ liefert die auf die Ständerfrequenz $\omega_s = 2 \cdot \pi \cdot f_s$ umgerechnete Streureaktanz des Rotors. Der Ausdruck $R_r^{'} / s$ läßt sich weiter umformen:

$$\frac{R_r^{'}}{s} = R_r^{'} + \frac{1-s}{s} R_r^{'}$$

Die Aufteilung des rotorseitigen Wirkwiderstandes deutet darauf hin, daß rotorseitig folgende Terme zu berücksichtigen sind:

Tatsächlicher Rotorwiderstand
(Umsetzung der auftretenden Rotorverluste): $R_r^{'}$

Ersatzwiderstand für P_{mech}
(Umsetzung der mechanisch an derWelle abgegebenen Leistung): $\frac{1-s}{s} R_r^{'}$

Das aus der umgeformten Spannungsgleichung des Läufers resultierende Ersatzschaltbild der Asynchronmaschine ist in Bild 8.6 dargestellt.

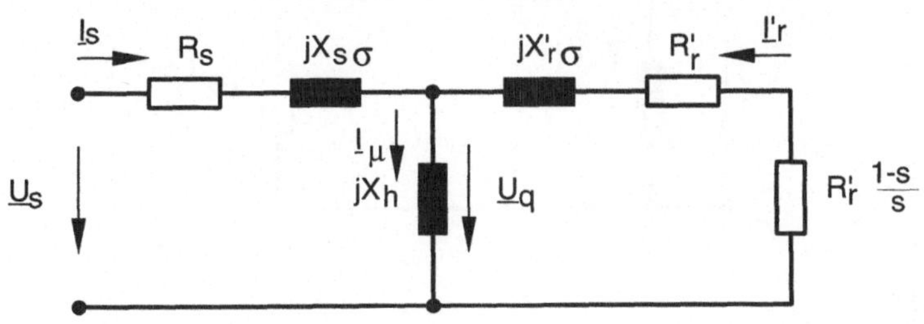

Bild 8.6:
Umgerechnetes Ersatzschaltbild der Asynchronmaschine

In R_s werden die ständerseitigen Wicklungsverluste, in $\mathrm{j}\,X_{s\sigma}$ die Streuung der Ständerwicklung berücksichtigt. Wie beim Transformator bildet die Hauptfeldspannung $\underline{U}_q = \mathrm{j}\,X_h\left(\underline{I}_s + \underline{I}_r^{'}\right)$ die Kopplung zwischen Primärseite (Ständer) und Sekundärseite (Rotor). Der Strom $\underline{I}_\mu = \underline{I}_s + \underline{I}_r^{'}$ ist der Magnetisierungsstrom zur Erzeugung des Luftspaltfeldes der Asynchronmaschine. Auf der Rotorseite sind in dem Widerstand $R_r^{'}$ die tatsächlich auftretenden Rotorverluste und in der Streureaktanz $\mathrm{j}\,X_{r\sigma}^{'}$ der Einfluß der Streureaktanz der Rotorwicklung berücksichtigt. Der Nutzwiderstand $R_r^{'} \cdot (1-s)/s$ stellt die elektrische Nachbildung der an der Welle umgesetzten Wirkleistung dar. Die Eisenverluste können in Bild 8.6 durch einen parallel zur Hauptreaktanz $\mathrm{j}\,X_h$ angeordneten Ersatzwiderstand R_{Fe} erfaßt werden.

Wird das Ersatzschaltbild entsprechend Bild 8.6 weiterhin vereinfacht, indem die Ständerverluste (R_s) vernachlässigt sowie die Ständerstreuung $X_{s\sigma}$ mit der Rotorstreuung $X_{r\sigma}^{'}$ zu X_σ zusammengefaßt werden, so läßt sich die spätere formale Herleitung der Betriebskennlinien stark vereinfachen. Beide Vernachlässigungen haben bei Maschinen mit einer Leistung größer als 15 kW bei Betrieb mit Netzfrequenz nur einen geringen Einfluß auf das Betriebsverhalten.

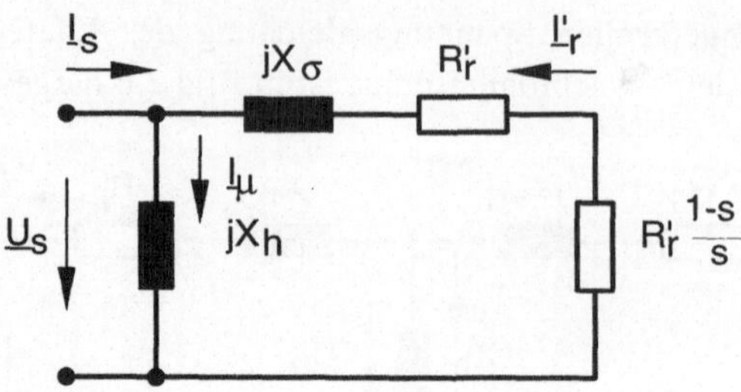

Bild 8.7:
Vereinfachtes Ersatzschaltbild der Asynchronmaschine

Durch die Vereinfachungen ergibt sich das in Bild 8.7 dargestellte Ersatzschaltbild. Der Magnetisierungsstrom I_μ ist nun der von der Belastung der Maschine unabhängige Blindstrom, welcher zur Bildung des Luftspaltfeldes benötigt wird. Bei mechanisch unbelasteter Maschine bildet I_μ den Leerlaufstrom, welcher aus dem speisenden Netz aufgenommen wird. Durch die Zusammenfassung der Streureaktanzen vereinfacht sich die Spannungsgleichung zu:

$$\underline{U}_s = -\left(\frac{R'_r}{s} + \mathrm{j}\, X_\sigma\right) \underline{I}_r'$$

Die Hauptfeldspannung wird gleich der Ständerspannung U_s gesetzt. Mit der weiterhin gültigen Vernachlässigung der Eisenverluste ergibt sich der Ständerstrom zu:

Ständerstrom $\underline{I}_s = \underline{I}_\mu - \underline{I}_r'$

Magnetisierungsstrom $\underline{I}_\mu = \frac{\underline{U}_s}{\mathrm{j}\,X_h} = const.$

Rotorstrom $\underline{I}_r' = -\frac{\underline{U}_s}{\frac{R_r'}{s} + \mathrm{j}\,X_\sigma} = \mathrm{Re}\{\underline{I}_r'\} + \mathrm{j}\,\mathrm{Im}\{\underline{I}_r'\}$

$$= -\underline{U}_s \cdot \frac{R_r' \cdot s}{R_r'^2 + s^2 \cdot X_\sigma^2} + \mathrm{j}\,\underline{U}_s \cdot \frac{s^2 \cdot X_\sigma}{R_r'^2 + s^2 \cdot X_\sigma^2}$$

8.4 Stromortskurve

Der Zeiger des Rotorstromes $\underline{I}_r'$ beschreibt in der komplexen Ebene einen Halbkreis. Aus unterschiedlichen Grenzbetrachtungen für den Schlupf s ergeben sich folgende Rotorströme:

Leerlauf $(s = 0)$: $I_{r0}' = 0$

ideeller Kurzschluß $(s \to \infty)$: $I_{r\infty}' = \mathrm{j}\frac{\underline{U}_s}{X_\sigma}$

max. Wirkstrom $(s = s_k)$: $\underline{I}_{rw\max}' = -\underline{U}_s \frac{\frac{R_r'}{s_k}}{\left(\frac{R_r'}{s_k}\right)^2 + X_\sigma^2}$

Der Kippschlupf s_k ergibt sich, indem die erste Ableitung zu Null gesetzt wird:

$$\frac{\mathrm{d}\,I'_{rw\max}}{\mathrm{d}\left(\dfrac{R'_r}{s}\right)} = 0 = -\,\underline{U}_s\,\frac{1\cdot\left\{\left(\dfrac{R'_r}{s_k}\right)^2 + X_\sigma^2\right\} - \dfrac{R'_r}{s_k}\cdot 2\cdot\dfrac{R'_r}{s_k}}{\left\{\left(\dfrac{R'_r}{s_k}\right)^2 + X_\sigma^2\right\}^2}$$

$$\frac{R'_r}{s_k} = X_\sigma \;\rightarrow\; s_k = \frac{R'_r}{X_\sigma}$$

$$I'_{rw\max} = -\underline{U}_s\cdot\frac{X_\sigma}{2X_\sigma^2} = -\frac{\underline{U}_s}{2X_\sigma}$$

Hiermit läßt sich die in Bild 8.8 dargestellte Ortskurve der Ströme angeben.

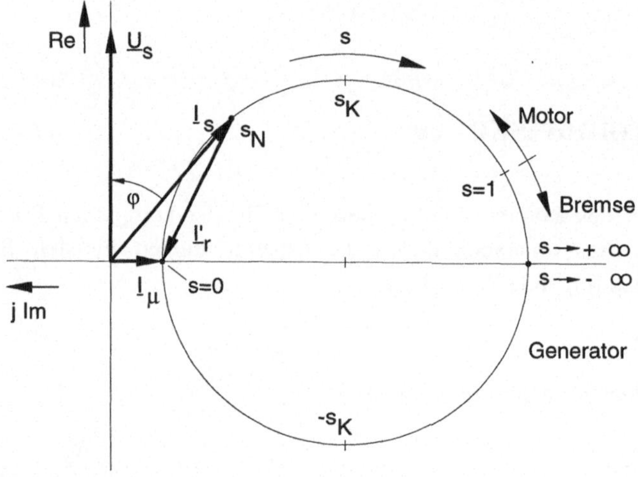

Bild 8.8:
Ortskurve der Ströme (Asynchronmaschine)

Der Zeiger des Ständerstromes beschreibt einen Kreis mit der nichtlinearen Skalierung durch den Schlupf s.

Leerlaufpunkt ($s = 0$):

Die Asynchronmaschine wird mechanisch weder belastet noch angetrieben, das mechanische Moment ist $M = 0$. Die Rotordrehung erfolgt synchron zu dem umlaufenden Ständerfeld. Sowohl Frequenz als auch Amplitude der im Rotorkreis induzierten elektrischen Größen sind Null. Formal kommt dies durch $R_r^{'}/s \rightarrow \infty$ zum Ausdruck.

Nennpunkt ($s = s_N$):

Die Drehzahl des Rotors ist gegenüber dem Leerlaufpunkt geringer. Durch die Relativgeschwindigkeit zwischen Ständerfeld und Rotorwicklung wird in dieser eine Spannung $s \cdot U_{qr0}$ induziert. Folge hiervon ist ein endlicher Rotorstrom $I_r^{'}$. Formal kommt dies durch die endliche Impedanz des Rotorkreises $R_r^{'}/s_N + \mathrm{j}\, X_\sigma$ zum Ausdruck. Die Wirkkomponente des Rotorstromes entspricht der auf den Rotor übertragenen Wirkleistung (Luftspaltleistung P_δ). Die Asynchronmaschine gibt ein mechanisches Moment M_N ab.

Kippunkt ($s = s_K$):

Die maximal auf den Rotorkreis übertragene Wirkleistung ergibt sich für $R_r^{'}/s_K = X_\sigma$ (Leistungsanpassung des rotorseitigen Wirkwiderstandes $R_r^{'}/s_K$). Die Maschine gibt das maximal mögliche Moment (Kippmoment M_K) an der Welle ab.

Anlaufpunkt ($s = 1$):

Dieser Arbeitspunkt entspricht dem einer aus dem Stillstand ($n_r = 0,\ s = 1$) anlaufenden Maschine. Die aufgenommene Wirkleistung wird vollständig in Rotorverluste umgesetzt. Die Maschine gibt das Anlaufmoment M_A ab, es wird jedoch keine mechanische Leistung abgegeben ($P_{mech} = 0$). Da die

Rotorimpedanz unter realen Bedingungen den geringstmöglichen Wert annimmt ($R_r^{'}/s = R_r^{'}$), wird der Anlaufpunkt auch als (realer) Kurzschlußpunkt bezeichnet.

Ideeller Kurzschlußpunkt ($s \to \infty$):

Dreht sich der Rotor aufgrund der äußeren Last entgegen der Richtung des umlaufenden Ständerfeldes, so wirkt die Asynchronmaschine als Bremse. Im Hinblick auf die der ASM zugeführten Leistungen ist der Bremsbereich so zu interpretieren, daß der Maschine sowohl elektrische als auch mechanische Wirkleistung zugeführt wird. Die Summe beider Leistungen wird in dem Rotorkreis in Wärme umgesetzt. Wird die dem umlaufenden Ständerfeld entgegengesetzte mechanische Drehzahl weiter erhöht, so folgt formal hieraus eine Abnahme des Rotorwirkwiderstandes $R_r^{'}/s$. Für den (nur theoretisch erreichbaren) Punkt $s \to \infty$ verschwindet der Wirkwiderstand ($R_r^{'}/s \to 0$), es ergibt sich ein reiner Blindstrom, der durch die Streureaktanz X_σ begrenzt wird.

Generatorbetrieb ($s < 0$):

Ausgehend von dem Arbeitspunkt synchroner Drehzahlen für Ständerfeld und Rotor führt eine Aufnahme mechanischer Leistung an der Welle zu einer Drehzahlerhöhung ($n_r > n_s$). Formal führt der hiermit beschriebene Generatorbetrieb der ASM zu negativen Werten für den Schlupf s.

8.5 Leistungen und Drehmoment

Luftspaltleistung $P_\delta(s)$:

Die Luftspaltleistung ergibt sich aus dem Produkt von Strangspannung U_s und Wirkstrom $I_{sw} = I_{rw}^{'}$ (wiederum unter der Annahme $R_s = 0$) multipliziert mit der Anzahl der Stränge m_s:

$$P_\delta = m_s\, U_s I'_{rw}$$

$$= m_s\, U_s\; U_s \frac{R'_r\, s}{R'^2_r + s^2 X_\sigma^2}$$

$$= m_s\, U_s^2 \frac{\dfrac{R'_r}{s}}{\left(\dfrac{R'_r}{s}\right)^2 + X_\sigma^2}$$

Wie bereits gezeigt, erreicht P_δ den Maximalwert $P_{\delta K}$ für $R'_r / s_K = X_\sigma$

$$P_{\delta K} = m_s \frac{U_s^2}{2 X_\sigma}$$

Wird die Luftspaltleistung P_δ bezogen auf deren Maximalwert $P_{\delta K}$, so ergibt sich die als Kloss'sche Formel bekannte Gleichung

$$\frac{P_\delta}{P_{\delta K}} = \frac{\dfrac{R'_r}{s}}{\left(\dfrac{R'_r}{s}\right)^2 + X_\sigma^2} \cdot \frac{1}{\dfrac{1}{2 X_\sigma}} = \frac{2}{\dfrac{R'_r}{s X_\sigma} + \dfrac{X_\sigma s}{R'_r}}$$

$$= \frac{2}{\dfrac{s_K}{s} + \dfrac{s}{s_K}} \qquad mit \quad \frac{R'_r}{X_\sigma} = s_K$$

Abhängig von dem Verhältnis s/s_K gelten folgende Näherungsgleichungen:

kleiner Schlupf $s << s_K$: $\quad \dfrac{P_\delta}{P_{\delta K}} \approx 2 \cdot \dfrac{s}{s_K}$

großer Schlupf $s >> s_K$: $\quad \dfrac{P_\delta}{P_{\delta K}} \approx 2 \cdot \dfrac{s_K}{s}$

Rotorverluste P_{vr}:

Die Rotorverluste P_{vr} ergeben sich aus Rotorwiderstand $R_r^{'}$ und Rotorstrom $I_r^{'}$ zu

$$P_{vr} = m_s R_r^{'} I_r^{'2} \qquad mit \qquad I_r^{'} = \frac{U_s}{\sqrt{\left(\frac{R_r^{'}}{s}\right)^2 + X_\sigma^2}}$$

$$= m_s R_r^{'} \frac{U_s^2}{\left(\frac{R_r^{'}}{s}\right)^2 + X_\sigma^2}$$

$$= s\ P_\delta$$

Wird die Rotorverlustleistung P_{vr} auf die maximale Luftspaltleistung $P_{\delta K}$ bezogen, so gilt:

$$\frac{P_{vr}}{P_{\delta K}} = s \frac{2}{\frac{s_K}{s} + \frac{s}{s_K}}$$

Mechanische Leistung:

$$P_{mech} = P_\delta - P_{vr} = P_\delta \cdot (1 - s)$$

Wird die mechanische Leistung P_{mech} auf die max. Luftspaltleistung $P_{\delta K}$ bezogen, so folgt

$$\frac{P_{mech}}{P_{\delta K}} = (1 - s) \cdot \frac{2}{\frac{s_K}{s} + \frac{s}{s_K}}$$

Bild 8.9 zeigt die bezogenen Leistungen in ihrer Abhängigkeit vom Schlupf.

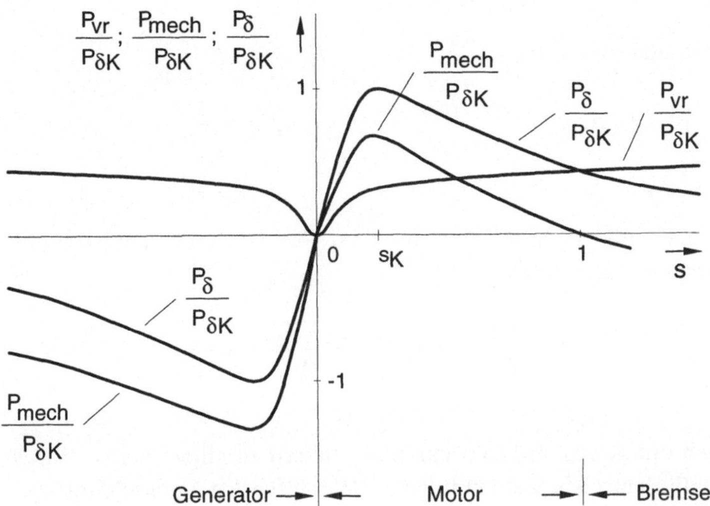

Bild 8.9:
Bezogene Leistungen in Abhängigkeit vom Schlupf

Werden bei einer realen Maschine im Sinne der Vollständigkeit einer Leistungsbilanz die ständerseitigen Wicklungsverluste sowie die Eisenverluste berücksichtigt, so läßt sich das in Bild 8.10 dargestellte Leistungsflußdiagramm angeben.

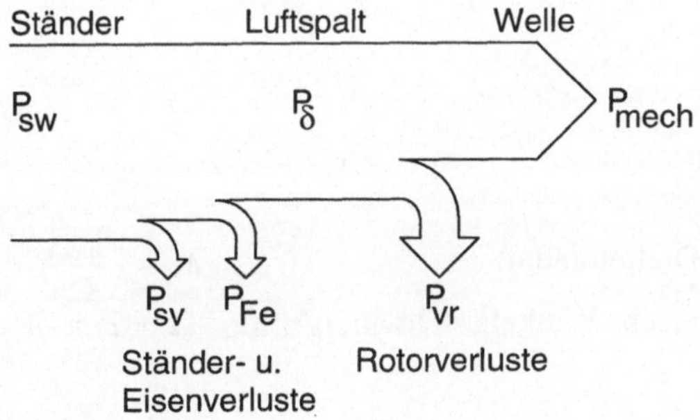

Bild 8.10:
Leistungsflußdiagramm der Asynchronmaschine

Ständerverluste $P_{vs} = m_s R_s I_s^2$

Eisenverluste $P_{Fe} = m_s \frac{U_s^2}{R_{Fe}}$

Der Wirkungsgrad η ergibt sich aus dem Verhältnis der abgegebenen zur aufgenommenen Leistung.

$$\eta = \frac{P_{mech}}{P_{sw}} \approx \frac{P_{mech}}{P_\delta} = \frac{P_\delta - P_{vr}}{P_\delta} = 1 - s$$

Maschinen mit geringem Nennschlupf s_n führen zu einem hohen Wirkungsgrad. Praktisch erreicht werden folgende Werte für den Nennschlupf:

große Leistungen: $s_N \leq 1\,\%$

mittlere Leistungen: $s_N \approx 2 - 3\,\%$

kleine Leistungen: $s_N \approx 5 - 10\,\%$

Die Drehmomente lassen sich aus den für die Leistungen abgeleiteten Beziehungen bestimmen.

$$P_{mech} = (1 - s) P_\delta$$
$$= M\,\Omega$$

Drehmoment: $M = \frac{P_{mech}}{\Omega}$

mech. Winkelgeschwindigkeit: $\Omega = 2 \cdot \pi \cdot n$

Die mechanische Winkelgeschwindigkeit der Welle Ω und die Winkelgeschwindigkeit des synchron umlaufenden Ständerfeldes Ω_s sind miteinander durch den Schlupf s verknüpft:

$$\Omega = \Omega_s (1 - s)$$

Somit kann das mechanische Drehmoment M auch durch folgende Beziehung ausgedrückt werden:

$$M = \frac{(1-s)P_\delta}{\Omega} = \frac{(1-s)P_\delta}{(1-s)\Omega_s} = \frac{P_\delta}{\Omega_s} \qquad \rightarrow \qquad P_\delta = M\,\Omega_s$$

Da die synchrone Winkelgeschwindigkeit Ω_s konstant ist, liegt das Maximum des mechanischen Drehmomentes bei dem Kippschlupf s_K, der auch die maximale Luftspaltleistung bestimmt.

$$\frac{M}{M_K} = \frac{P_\delta}{P_{\delta K}}$$

Das Verhältnis

$$\ddot{u} = \frac{M_K}{M_N}$$

wird ähnlich wie bei der Synchronmaschine mit Überlastbarkeit bezeichnet.

8.6 Drehzahlstellung

Die wichtigsten Möglichkeiten, die zur Steuerung der Drehzahl von Asynchronmaschinen bestehen, lassen sich aus den Grundgleichungen entnehmen:

$$s = 1 - \frac{n_r}{n_s}, \quad n_s = \frac{f_s}{p}$$

$$n = n_s(1-s) = \frac{f_s}{p}(1-s)$$

s:	Schlupf:
n_r:	Rotordrehzahl
n_s:	Drehzahl des Ständerfeldes
f_s:	Frequenz der Ständergrößen
p:	Polpaarzahl

Um die einem Drehmoment zugeordnete Drehzahl zu verändern, bestehen demnach folgende Möglichkeiten:

Vergrößerung des Schlupfes durch
- Zusatzwiderstände bei Schleifringläufermotoren
- Änderung der Klemmenspannung
- Energierückspeisung aus dem Läufer in das Netz

Änderung der Polpaarzahl durch
- polumschaltbare Wicklung
- getrennte Ständerwicklungen unterschiedlicher Polzahl

Änderung der Frequenz der Drehspannung durch
- Frequenzumrichter der Leistungselektronik

Polumschaltung:

Die Änderung der Polpaarzahl p ergibt eine grobstufige Drehzahlsteuerung. Angewendet wird sie nur bei Käfigläufern, da diese keine feste Spulenweite haben und damit nicht an eine feste Polzahl des Ständers gebunden sind.
Die Realisierung erfolgt entweder durch zwei getrennte Drehstromwicklungen unterschiedlicher Polzahl, von denen jeweils nur eine in Betrieb ist, oder durch Umschaltung der Spulengruppen einer einzigen Wicklung.

Anwendungsgebiete polumschaltbarer Motoren sind:
- Werkzeugmaschinen
- Hebezeuge (Langsamstufe zum Positionieren)
- Pumpen und Lüfter (Änderung der Förderleistung)

Die Anlaufverluste im Läufer werden durch Polumschaltung wesentlich reduziert.

Die wichtigste Technik zur Polumschaltung ist die Dahlanderschaltung mit einer Änderung der Polpaarzahl im Verhältnis 2:1.

- niedrige Drehzahl : Reihenschaltung der Spulengruppen
- hohe Drehzahl : Parallelschaltung der Spulengruppen

Frequenzänderung:

Die "Drehzahl" des umlaufenden Ständerfeldes ist direkt zur Frequenz der speisenden Spannung proportional

$$n_s = \frac{f_s}{p}$$

Mit Änderung der Frequenz ändert sich somit die Synchrondrehzahl n_s proportional. Um den magnetischen Fluß Φ in der Maschine konstant zu halten (Sättigung des Eisens!) muß die Spannung proportional zur Frequenz geändert werden. In diesem Bereich bleibt das Kippmoment der Maschine konstant. Diese Aussage läßt sich auch aus der Bestimmungsgleichung für die maximale Luftspaltleistung P_δ ableiten:

$$P_{\delta K} = m_s \frac{U_s^2}{2X_\sigma} = M_K \Omega_s$$

Mit $U_s{}^2 \sim f^2$ und $X_s \sim f$ sowie $\Omega_s \sim f$ verläuft M_K konstant. Oberhalb der Nennspannung $U_s = U_N$ kann nur noch die Frequenz erhöht werden. Als Folge hiervon reduziert sich der magnetische Fluß Φ proportional zu $1/f$. Dieser Bereich wird Feldschwächbereich genannt. Das Kippmoment nimmt in diesem Bereich mit dem quadratischen Kehrwert der Frequenz ab.
Die Schar der Drehmoment/Drehzahl-Kennlinien für eine frequenzgesteuerte ASM ist in der nachfolgenden Abbildung dargestellt. Auch dieser Zusammenhang ist aus der Bestimmungsgleichung für die maximale Luftspaltleistung zu entnehmen.

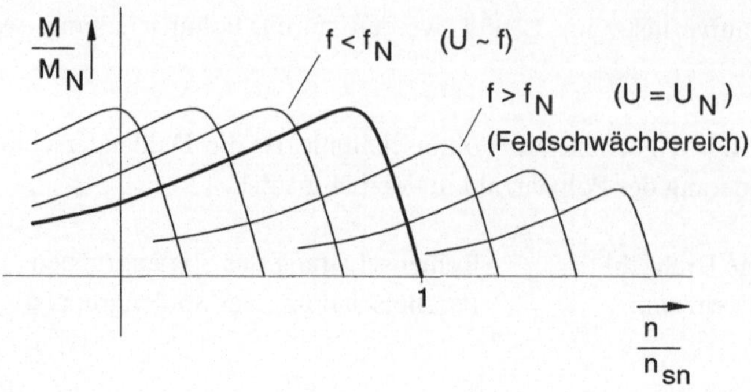

Bild 8.11:
Drehzahländerung der ASM durch Frequenz- und Spannungsänderung

Wird das Kippmoment auf das Nennmoment M_{KN} für $U_S = U_N$ und $f = f_N$ bezogen, so ergibt sich:

$$\frac{M_K}{M_{KN}} = \left(\frac{U_s}{U_{sN}}\right)^2 \cdot \left(\frac{f_{sN}}{f_s}\right)^2$$

und für die Synchrondrehzahl

$$n_s = n_{sN} \frac{f_s}{f_{sN}}$$

Schleifringläufer:

In Abschnitt 8.4 wurde der Kippschlupf definiert zu

$$s_K = R_r^{'} / X_\sigma$$

$R_r^{'}$ ist hierbei der auf die Ständerwicklung umgerechnete Läuferwiderstand, X_σ die Streureaktanz der Maschine.
Werden nun die Anschlüsse der Läuferwicklung (anders als beim Kurzschlußläufer) über Schleifringe von außen zugänglich gemacht, so besteht die Möglichkeit, externe Widerstände $R_{zus}^{'}$ in den Läuferkreis einzuschalten. Damit ergibt sich

$$s_K^* = \frac{R'_r + R'_{zus}}{X_\sigma}$$

Da die Streureaktanz von R_{zus} unbeeinflußt bleibt, gilt

$$\frac{s_K^*}{s_K} = \frac{R'_r + R'_{zus}}{R'_r}$$

Das Kippmoment bleibt gleichfalls von einer Änderung des Rotorwiderstandes unbeeinflußt.

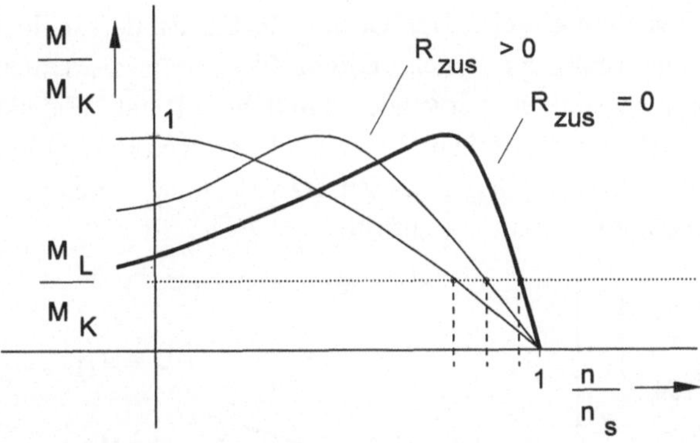

Bild 8.12:
M/n-Kennlinie der ASM als Funktion von R_{zus}

Bild 8.12 zeigt den Einfluß des Rotorzusatzwiderstandes auf die Drehmoment / Drehzahl-Kennlinie.

Bei einem gegebenen Lastmoment M_L stellt sich mit zunehmendem Rotorwiderstand eine niedrigere Drehzahl ein.
Unter der Voraussetzung einer entsprechenden Dimensionierung kann die ASM mit ihrem maximal möglichen Moment (Kippmoment M_K) auch aus dem Stillstand heraus anlaufen. Der entscheidende Nachteil dieser Steuermethode liegt in den hohen zusätzlichen Stromwärmeverlusten durch die Zusatzwiderstände. Für Dauerbetrieb ist die Drehzahlstellung durch Zusatzwiderstände daher unwirtschaftlich. Sie wird jedoch dort angewandt,

wo geringe Drehzahlen zum Anfahren verlangt werden (z.B. Hebezeuge, Zentrifugen).

Spannungsänderung:

Das Kippmoment M_K ist proportional zu dem Quadrat der Ständerspannung U_s. Der Kippschlupf s_K ist jedoch unabhängig von U_s.
Die Schar der M/n-Kennlinien in Abhängigkeit der Spannung U_s ist im nachfolgenden Bild 8.13 für eine normale Rotorauslegung ($s_K = 0{,}15$ bis 0,3) dargestellt.
Der Kennlinienverlauf zeigt, daß nur ein stark eingeschränkter Drehzahlstellbereich zur Verfügung steht. Der Grund hierfür ist der steile Momentenverlauf kurz unterhalb der Synchrondrehzahl n_s. Für die Drehzahlstellung durch Spannungsabsenkung verwendet man daher oftmals Widerstandsläufer. Durch einen hohen spezifischen Widerstand des Rotorkäfigs kann (ähnlich wie bei einem Schleifringläufer mit Zusatzwiderstand) erreicht werden, daß das Kippmoment erst bei $s_K = 1$ auftritt.

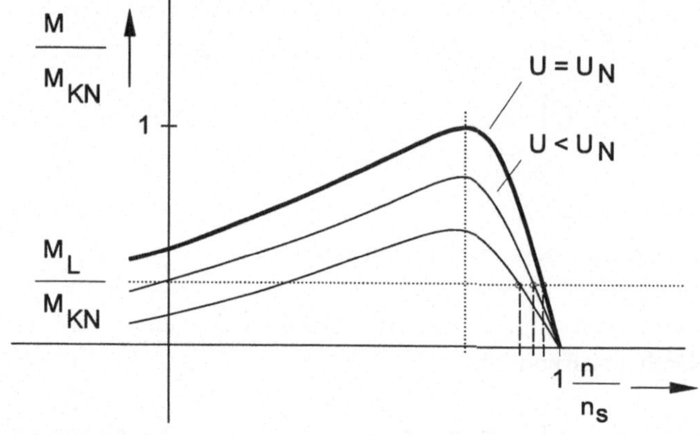

Bild 8.13:
Einfluß der Spannung auf die M/n-Kennlinie der ASM

Das M/n-Verhalten eines Widerstandsläufers mit Spannungssteuerung ist in Bild 8.14 dargestellt. Die Methode der Drehzahlstellung mit Spannungs-

steuerung eignet sich insbesondere für kleine Lüfter- und Pumpenantriebe, da hierbei das Widerstandsmoment $M_W \sim n^2$ ist. Zur Begrenzung der Anlaufströme wird insbesondere bei ASM größerer Bauleistung die Strangspannung U_s durch die sogenannte Y/Δ-Schaltung durch einfaches Umschalten geändert. Bei Sternschaltung betragen Strom und Drehmoment 1/3 der Werte der Dreieckschaltung.
Eine weitere Möglichkeit zur Begrenzung des Anlaufstromes bieten Anlauftransformatoren.

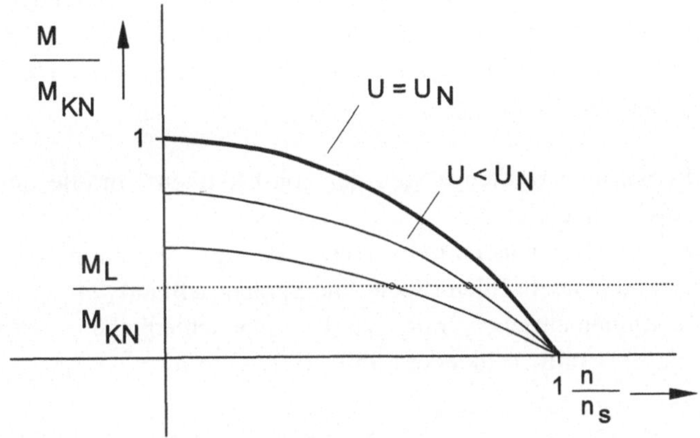

Bild 8.14:
M/n-Kennlinie des Widerstandsläufers mit Spannungssteuerung

8.7 Sonderbauformen

In den vorangegangenen Abschnitten wurde das Verhalten der symmetrischen ASM an einem symmetrischen Drehstromnetz behandelt. Insbesondere für den Betrieb von Kleinmotoren in den Haushalten steht jedoch nur in Ausnahmefällen ein dreiphasiges Netz zur Verfügung. Um den Betrieb eines Asynchronmotors in einem einphasigen Netz zu ermöglichen, sind zahlreiche Verfahren entwickelt worden, von denen einige nachfolgend erläutert werden.

Entsprechend den unterschiedlichen Einsatzgebieten für Asynchronkleinmotoren werden unterschiedliche Anforderungen gestellt:

- Der Kompressorantrieb für ein Kühlgerät muß einen hohen Wirkungsgrad sowie ein hohes Anzugsmoment aufweisen.
- Von einem Schreibmaschinenantrieb wird eine hohe Drehzahlkonstanz verlangt.
- Bei Heizungsumwälzpumpen steht der vibrationsarme Lauf im Vordergrund.

Mehrsträngige Asynchronmotoren sind in der Regel mit genutetem Ständer und verteilter Wicklung ausgeführt. Der Läufer ist meist ein im Druckgußverfahren hergestellter Käfigläufer mit einem gegossenen Al-Käfig oder einem geschweißten Cu-Käfig.

- Für Lüfterantriebe werden wegen der konstruktiven Vorteile oft Außenläufermotore eingesetzt.
- Wickelmotore (Tonbandantrieb) sollen geringe Vibration sowie stark unterschiedliche Drehzahlen (Spiel- und Spulbetrieb) aufweisen.
- Waschmaschinenantriebe mit stark unterschiedlichen Drehzahlen (Waschen 50 U/min, Schleudern 850 – 1000 U/min).

8.7.1 Einsträngiger Motor (Anwurfmotor)

Die Wirkungsweise einer Maschine mit nur einem Strang läßt sich einfach beschreiben. Ein Wechselfeld kann wie bereits beschrieben in zwei gegenläufige Kreisdrehfelder halber Amplitude zerlegt werden. Die hierbei gebildeten gegensinnigen Drehmomente M_{mit} und M_{gegen} addieren sich zu dem Gesamtmoment M.

Die Maschine entwickelt außer im Stillstand und im Leerlauf (bei n_1 und $-n_1$) ein asynchrones Moment. Sie muß jedoch aus dem Stillstand heraus angeworfen werden und läuft dann in der Anwurfrichtung hoch. Die Leerlaufdrehzahl ist geringer als die synchrone Drehzahl. Da das jeweils gegenläufige Drehfeld relativ groß ist, treten Pendelmomente mit etwa der doppelten Netzfrequenz auf.

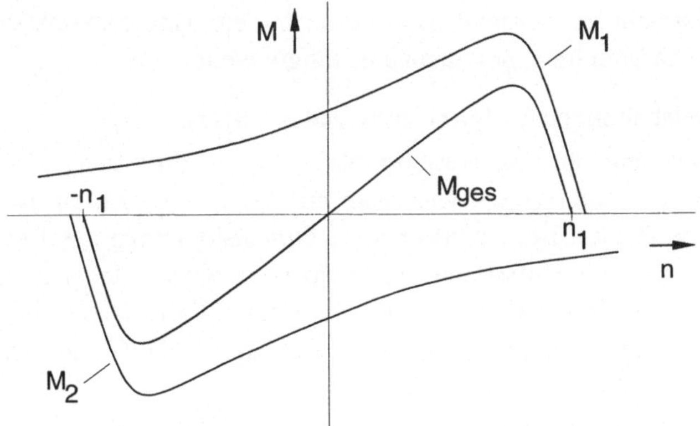

Bild 8.15:
M/n - Kennlinie einer einsträngigen ASM am einphasigen Netz

Soll die Maschine selbsttätig anlaufen, so ist mindestens ein zweiter, räumlich versetzter Wicklungsstrang vorzusehen.

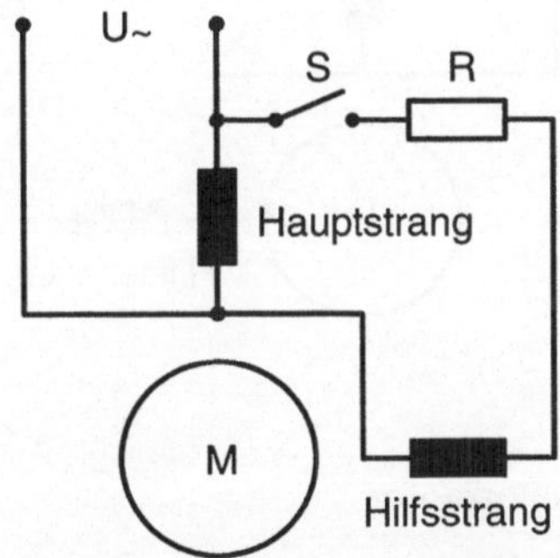

Bild 8.16:
einsträngige ASM mit Widerstandshilfsstrang

Bild 8.16 zeigt eine Maschine mit einem räumlich um 90° versetzten Hilfsstrang. Die für die Erzeugung eines Drehfeldes notwendige Phasenverschiebung des Stromes in der Hilfswicklung wird durch den Widerstand R erzeugt. Der Motor läuft selbständig an. Um die hohen Verluste in dem Hilfszweig zu vermeiden, wird nach dem Hochlauf der Schalter S geöffnet. Die Maschine läuft dann einsträngig weiter.

8.7.2 Zweisträngiger Motor (Kondensatormotor)

Beim zweisträngigen Kondensatormotor ist dem Hilfsstrang, der räumlich gegenüber dem Hauptstrang wiederum um 90° versetzt ist, ein Kondensator in Reihe geschaltet. Bei entsprechender Dimensionierung des Kondensators ergibt sich in dem Hilfsstrang ein kapazitiver Strom, der dem induktiven Strom in dem Hauptstrang im Idealfall um 90° el. vorauseilt. Bei entsprechender Abstimmung der Windungszahlen von Hilfs- und Hauptstrang ergibt sich ein Kreisdrehfeld.

Da die Symmetrierung nur für einen Lastpunkt möglich ist, treten bei abweichenden Lastzuständen elliptische Drehfelder auf. Das Anlaufmoment erreicht einem Drehstrommotor vergleichbar hohe Werte, wenn ein entsprechend großer Kondensator vorgesehen wird.

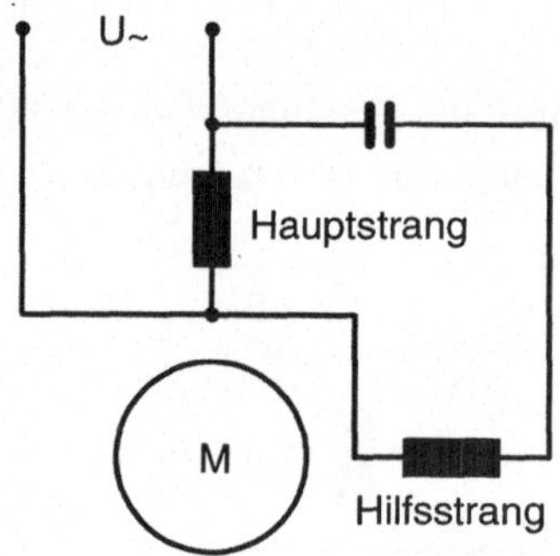

Bild 8.17:
Zweisträngiger Kondensatormotor

Um im Nennbetrieb den hieraus resultierenden hohen Strom zu reduzieren, werden oftmals zwei Kondensatoren verwendet. Nach dem Hochlauf wird auf den kleineren Kondensator umgeschaltet.

8.7.3 Dreisträngiger Motor (Steinmetzschaltung)

Auch Asynchronmotoren mit einer Drehstromwicklung lassen sich durch Zuschalten eines Kondensators (Steinmetzschaltung) am Einphasennetz in Stern- oder Dreieckschaltung betreiben.

Die entsprechenden Schaltungsvarianten sind in Bild 8.18 angegeben.

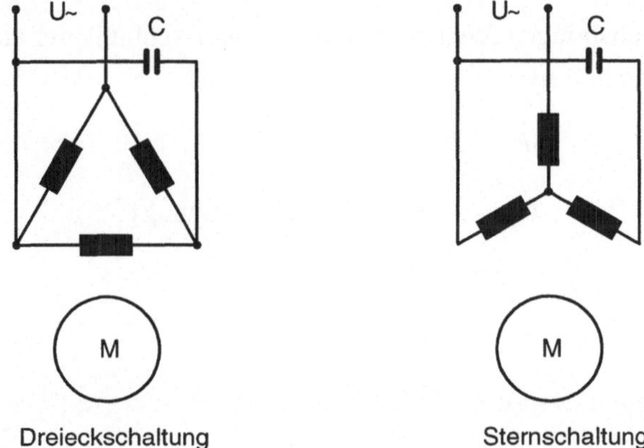

Bild 8.18:
Dreiphasige ASM am einphasigen Netz (Steinmetzschaltung)

Im Vergleich zur Speisung aus einem Drehstromnetz ist das Anlaufmoment jedoch klein. Die notwendigen Kondensatoren sind im Vergleich zum Zweistrangmotor groß.

Aufgabe 7:

Ein Käfigläufermotor mit den Leistungsschilddaten

2 kW; 380 V/220 V; 2870 U/min

hat ein Anlaufmoment vom 1,2 – fachen Nennmoment, wenn er in Dreieck-Schaltung direkt an 220 V gelegt wird.

Kann die Maschine gegen ein Lastmoment von 2,25 Nm in Sternschaltung an 220 V anlaufen ?

Aufgabe 8:

Von einem sechspoligen Asynchronmotor mit Kurzschlußläufer sind folgende Daten bekannt:

$$P_N = 20\,\text{kW}$$

$$U_N = 380\,\text{V} \quad \text{(Dreieckschaltung)}$$

$$f_s = 50\,\text{Hz}$$

$$s_N = 0{,}03$$

$$s_K = 0{,}173$$

Die Eisen- und Reibungsverluste sowie der Ständerwiderstand R_s sind zu vernachlässigen.

Der Motor wird mit einem konstanten Moment $M_L = M_N/2$ belastet.

a) Wie groß sind synchrone Drehzahl und Nenndrehzahl?
b) Wie groß ist das Nennmoment?
c) Welche Werte haben Kippmoment und Anlaufmoment?
d) Kann die Maschine mit der vorgegebenen Grundbelastung anlaufen?
e) Geben Sie den qualitativen Verlauf des Motormomentes und des Lastmomentes als Funktion des Schlupfes an.
f) Bis zu welcher Drehzahl läuft die Maschine mit der vorgegebenen Grundbelastung aus dem Stillstand hoch?
g) Interpretieren Sie den Betriebspunkt bei $s > 1$ qualitativ.
h) Die Maschine wird am selben Netz in Sternschaltung betrieben. Untersuchen Sie, ob die Maschine in Sternschaltung noch anlaufen kann.

Aufgabe 9:

Ein vierpoliger Drehstrom-Asynchronmotor für eine mechanische Leistung von $P_N = 22\ \text{kW}$, $U_N = 220\ \text{V}$ (Dreieckschaltung), $f_s = 50\ \text{Hz}$, hat folgende Daten für seine Ersatzschaltung:

$R_s = 0$ $X_{s\sigma} = 0{,}45\ \Omega$ $X_h = 13\ \Omega$

$R_r' = 0{,}2\ \Omega$ $X_{r\sigma}' = 0{,}40\ \Omega$

Bei Nenndrehzahl und Nennmoment betragen die Stromwärmeverluste im Läufer $P_{vr} = 900\ \text{W}$.

Es sind zu bestimmen:

a) Leerlaufdrehzahl
b) Kippschlupf und Kippdrehzahl
c) Kippmoment
d) Anlaufmoment
e) Luftspaltleistung im Nennpunkt
f) Nennmoment
g) Nennschlupf und Nenndrehzahl

Aufgabe 10:

Von einer Asynchronmaschine sind folgende Daten bekannt:

Nennspannung:	$U_N = 380\ \text{V} \quad (\Delta)$
Nennstrom:	$I_N = 84{,}6\ \text{A}$
Nennleistung (mech.):	$P_N = 45\ \text{kW}$
synchrone Drehzahl:	$n_s = 1000\ \text{min}^{-1}$
Nenndrehzahl:	$n_N = 965\ \text{min}^{-1}$
Frequenz:	$f_s = 50\ \text{Hz}$
Anlaufmoment (bei 50% Nennspannung):	$M_{A50} = 170\ \text{Nm}$

Ständer- und Reibungsverluste sind zu vernachlässigen.

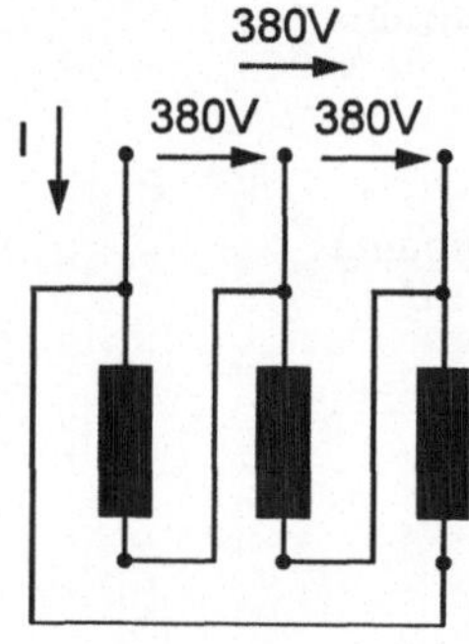

a) Bitte bestimmen Sie folgende Werte:

- die Polpaarzahl p
- den Nennschlupf s_N
- die Strangspannung und den Strangstrom im Nennpunkt

b) Welche Werte ergeben sich im Nennpunkt für

- die Luftspaltleistung P_δ
- die Läuferverluste $P_{v\,r}$
- den Leistungsfaktor $\cos\varphi$
- den Wirkungsgrad η

c) Bitte bestimmen Sie für Speisung mit Nennspannung

- das Anlaufmoment M_A
- das Nennmoment M_N
- den Kippschlupf s_K
- das Kippmoment M_K

9 Sonderbauformen rotierender elektrischer Maschinen

Mit dem Ziel, die auf das Bauvolumen bezogene Leistung rotierender Maschinen zu erhöhen, sind in den letzten Jahren neue Konzeptionen entstanden, die von den konstruktiven Merkmalen "klassischer" Maschinen abweichen. Die Maßnahmen zur Erhöhung der Leistung sind eine Erhöhung der Drehzahl oder aber eine Erhöhung des Drehmomentes.
Im Hinblick auf den Einsatz bei direkt angetriebenen Verkehrssystemen (z.B. Radnabenantrieb) ist insbesondere eine Steigerung des Motormomentes in Verbindung mit der Möglichkeit zur Feldschwächung bei hohen Drehzahlen von großer Bedeutung.
Die Abweichungen beziehen sich im wesentlichen auf die konstruktive Ausbildung der den magnetischen Fluß führenden Eisenteile, auf die Gestaltung und das Material des Erregerteiles sowie auf die Ausbildung der Wicklungen. Die Maschinenklassifizierung entspricht elektrisch oder durch Permanentmagnete erregter, kommutatorloser Synchronmaschinen. Allen nachfolgend beschriebenen Maschinenanordnungen gemeinsam ist daher die Speisung der einzelnen Wicklungsstränge aus einem zwei- oder mehrsträngigen Wechselrichter derart, daß die Phasenlage der Wicklungsströme so geregelt wird, daß sich das Drehmomentmaximum einstellt.

9.1 Scheibenläufermotor

Bild 9.1 zeigt eine Sonderbauform einer durch Permanentmagnete erregten Synchronmaschine. Kennzeichnend für diesen Maschinentyp ist eine kurze axiale Baulänge und der Verlauf des Erregerfeldes in axialer Richtung. Die Erregermagnete sind daher mit wechselnder axialer Magnetisierungsrichtung flach auf ferromagnetischen Scheiben angeordnet, die zugleich den Rückschluß für das Erregerfeld bilden. Beide Stahlscheiben sind auf einer drehbar gelagerten Welle befestigt und umschließen die mit dem feststehenden

Gehäuse verbundene ringförmige Statoranordnung. Aufgrund der Flachanordnung der Permanentmagnete ergibt sich im Luftspalt eine relativ geringe Flußdichte von $B_L \approx 0{,}6\,\mathrm{T}$. Diesem Nachteil steht eine im Vergleich zu einer Radialfeldmaschine größere aktive Oberfläche gegenüber.

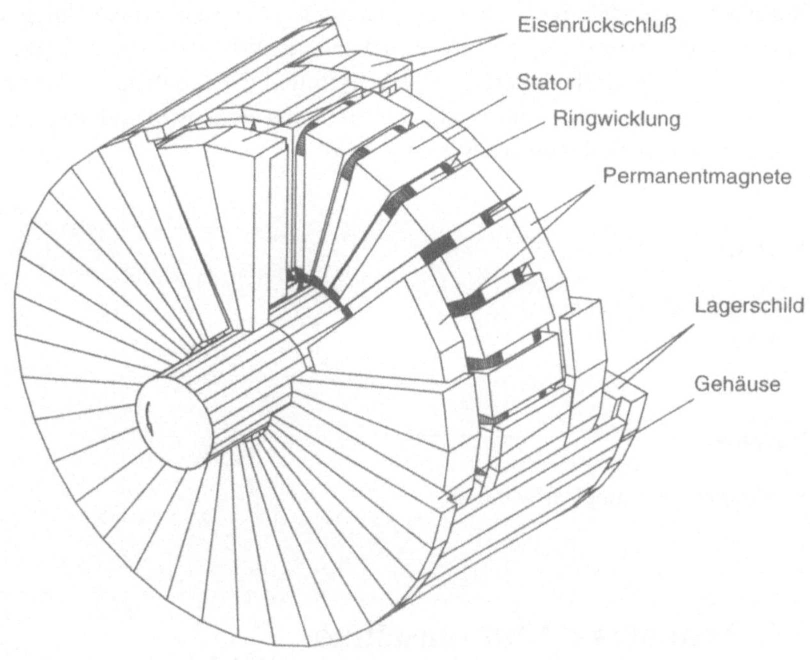

Bild 9.1:
Scheibenläufermotor (Erregung durch Permanentmagnete)

Die Statoranordnung ist zur Vermeidung von Wirbelstromausbildung entweder geblecht oder aber aus Eisenpreßteilen gefertigt. Die Nuten werden dabei entweder nachträglich in einen vollen Blechwinkel gefräst oder aber bereits bei der Formgebung der Eisenpreßteile berücksichtigt. In den Nuten der Statoranordnung befindet sich eine mehrsträngige Wicklung, die aus einzelnen Ringspulen gebildet wird.

Entsprechend der Forderung nach einer variablen Drehzahl wird die Wicklung aus einem Wechselrichter mit variabler Ausgangsfrequenz gespeist. Ein entweder direktes (Pollagesensor mechanisch auf der Welle) oder aber indirektes (Auswertung der induzierten Polradspannung) Meßsystem zur Erfassung der Pollage stellt in Verbindung mit einem Regelkreis eine definierte räumliche Phasenlage zwischen dem durch die Permanentmagnete erzeugten Erregerfeld und den Wicklungsströmen dar.
Wird von weiteren überlagerten Regelkreisen und der Möglichkeit der Feldschwächung abgesehen, entspricht das Betriebsverhalten damit dem einer Gleichstromnebenschlußmaschine.

Vorteile:

- kurze axiale Baulänge
- hohe Kraftdichte

Nachteil:

- erhöhter Fertigungsaufwand

9.2 Transversalflußmaschine (permanentmagneterregt, TFM)

Bei der Transversalflußmaschine ist es möglich, eine extrem hohe Kraftdichte im Luftspalt zu erzielen. Die prinzipielle Anordnung einer durch Permanentmagnete erregten linearen Transversalflußanordnung ist beispielhaft in Bild 9.2 dargestellt.

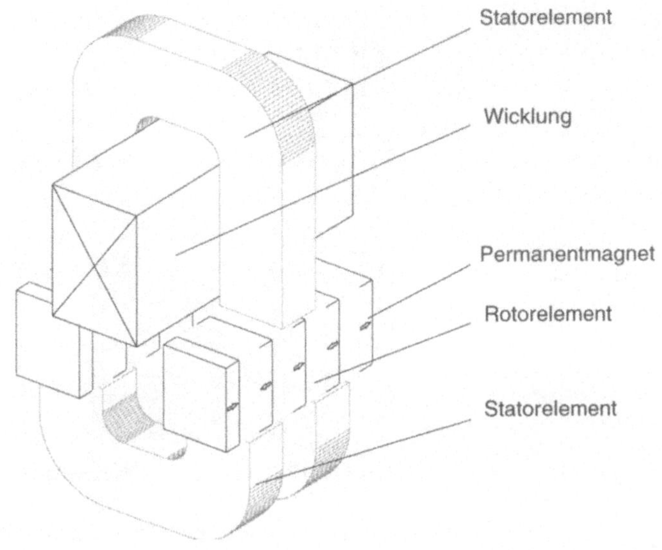

Bild 9.2:
Transversalflußanordnung (durch Permanentmagnete erregt)

In wechselnder Folge befinden sich Permanentmagnete und Rotorelemente (Sammler) in einem Luftspalt, welcher von U-förmig geformten ferromagnetischen Statorelementen gebildet wird. In dem so umschlossenen Bereich befindet sich eine linear ausgedehnte, stromdurchflossene Wicklung. Diese Wicklung ist bei rotierenden Maschinen als Ringwicklung ausgeführt. Die Magnetisierung zweier aufeinanderfolgender Permanentmagnete weist ein unterschiedliches Vorzeichen auf, so daß die als Sammler ausgeführten Rotorelemente einen aus- bzw. eintretenden Fluß aufweisen. Die oberen und unteren Statorelemente sind zueinander um eine Polteilung in Bewegungsrichtung versetzt. Damit bildet sich die in Bild 9.3 dargestellte Flußverteilung aus.

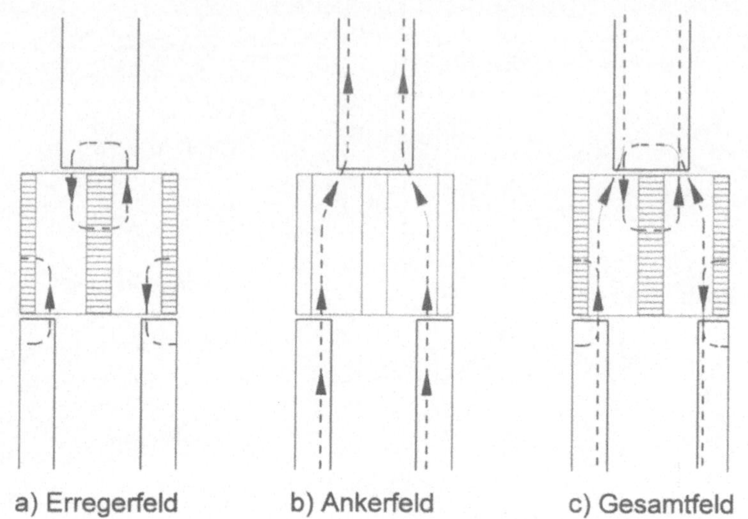

Bild 9.3:
Feldverteilung der permanentmagneterregten Transversalflußanordnung

Bild 9.3a zeigt den Verlauf des ausschließlich durch die Permanentmagnete erzeugten Erregerfeldes. In der dargestellten Relativlage von Statorelementen und Erregeranordnung schließt sich das Feld nicht über das Joch, sondern verläuft in Bewegungsrichtung durch die Statorelementpole.

In Bild 9.3b ist ausschließlich der Feldverlauf bei stromdurchflossener Ankerwicklung dargestellt. Die Permanentmagnete sind als nichtmagnetisiert zu betrachten. Das Feld tritt durch das von den Permanentmagneten aufgespannte Volumen hindurch.

In Bild 9.3c schließlich ist die Überlagerung beider Feldanteile dargestellt. Bedingt durch die unterschiedlichen Vorzeichen des Erregerfeldes in einem Polbereich und bedingt durch die Wirkung des gleichsinnigen Ankerfeldes erfolgt eine Feldschwächung im linken Bereich und eine Feldverstärkung im rechten Bereich: Die maximale Schubkraft ergibt sich, wenn das Feld im linken Bereich zu Null wird und im rechten Bereich die Flußdichte B_L zu verzeichnen ist. Unter Vernachlässigung der Randfelder wird die hierbei entstehende Kraft in Bewegungsrichtung aus der im Luftspalt vorhandenen Energie ermittelt.

magnetische Luftspaltenergie: $W_L = \frac{1}{2} B_L H_L V_L$

für den Luftspalt gilt: $B_L = \mu_0 H_L$

damit folgt für die Luftspaltenergie: $W_L = \frac{B_L^2}{2\mu_0} s \cdot l \cdot x$

Kraft in Bewegungsrichtung: $F_x = \frac{\partial W_L}{\partial x} = \frac{B_L^2}{2\mu_0} s \cdot l$

Diese Kraft entsteht je Luftspaltbereich und bei einer kontinuierlichen Anordnung von Jochen und Erregung je Polteilung τ_p. Auf die Fläche von $l \cdot \tau_p$ bezogen ergibt sich folgende Kraftdichte:

$$\frac{F_x}{l \cdot \tau_p} = F_x' = \frac{1{,}5^2 \cdot 10^{-3}}{2 \cdot 4 \cdot \pi \cdot 10^{-7} \cdot 10^{-2}} \frac{\mathrm{A \cdot m \cdot T^2 \cdot}}{\mathrm{s \cdot V}}$$

$$= 90 \frac{\mathrm{kN}}{\mathrm{m}^2}$$

$$(B_L = 1{,}5\,\mathrm{T}, \quad s = 1\,\mathrm{mm}, \quad l = 10\,\mathrm{mm}, \quad \tau_p = 10\,\mathrm{mm})$$

In Bild 9.4 ist der magnetische Kreis einer durch Permanentmagnete erregten rotierenden Transversalflußmaschine (TFM) dargestellt.
Der Zeitverlauf der Kraft $F_x(t)$ entspricht bedingt durch den Einfluß der Randfelder etwa dem einer Trapez-Funktion, so daß der Mittelwert der in Vortriebsrichtung wirkenden Kraft geringfügig unterhalb des auftretenden Maximalwertes liegt (Bild 9.5). Die Erzeugung einer zeitlich gleichmäßigen Vortriebskraft erfordert daher die mechanische Anordnung mehrerer Stränge.

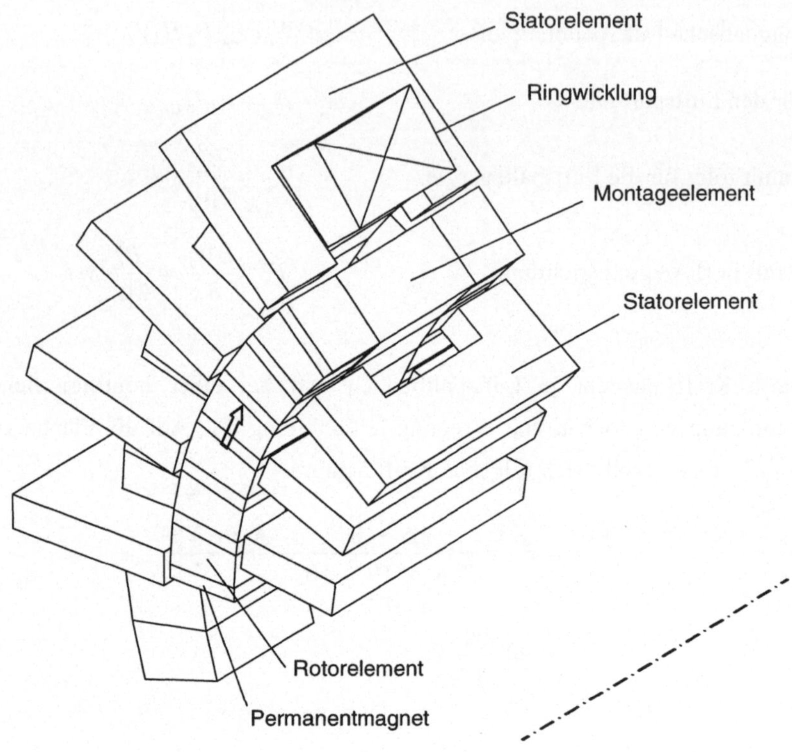

Bild 9.4:
Magnetischer Kreis (TFM-Maschine rotierend)

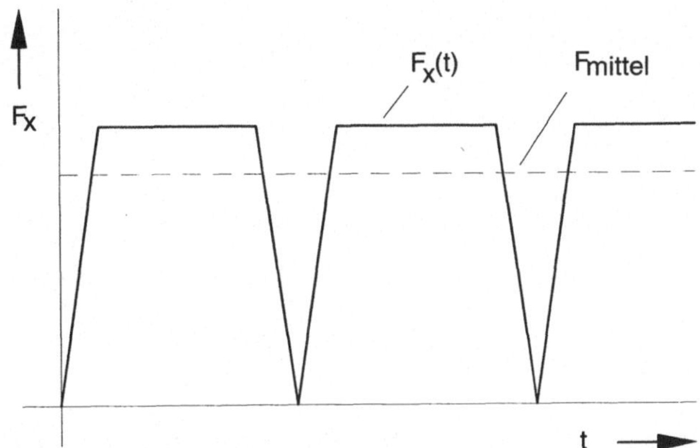

Bild 9.5:
Zeitlicher Verlauf der Vortriebskraft (TFM)

9.3 Transversalflußmaschine (elektrisch erregt, TFE)

Bei der elektrisch erregten Transversalflußmaschine wird auf den Einsatz von Permanentmagnetmaterial verzichtet. Die Wirkungsweise beruht auf dem Reluktanzeffekt. Wie in Bild 9.6 dargestellt, besteht die Elementar-Anordnung lediglich aus einem festen U-förmig ausgebildeten ferromagnetischen Statorelement, in dessen Öffnung sich ein in Bewegungsrichtung ausgedehnter elektrischer Leiter befindet und aus einem zweiten gleichfalls U-förmig ausgebildeten passiven ferromagnetischen Rotorelement, welches beweglich ist. Führt der elektrische Leiter einen Strom, so wird der magnetische Kreis erregt, und es bildet sich die Flußdichte B_L im Luftspalt aus. Da das magnetische Potential aller Stator- und Rotorelemente gleich ist, entsteht kein magnetisches Streufeld zwischen benachbarten Elementen.

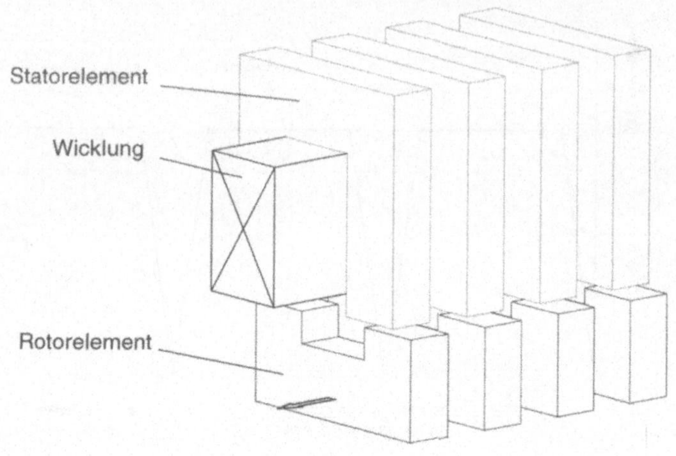

Bild 9.6:
Transversalflußanordnung (elektrisch erregt)

Die Ermittlung der in Bewegungsrichtung wirkenden Kraft erfolgt anhand der zweidimensionalen Darstellung in Bild 9.5, in der zwei aufeinanderfolgende Pole dargestellt sind.

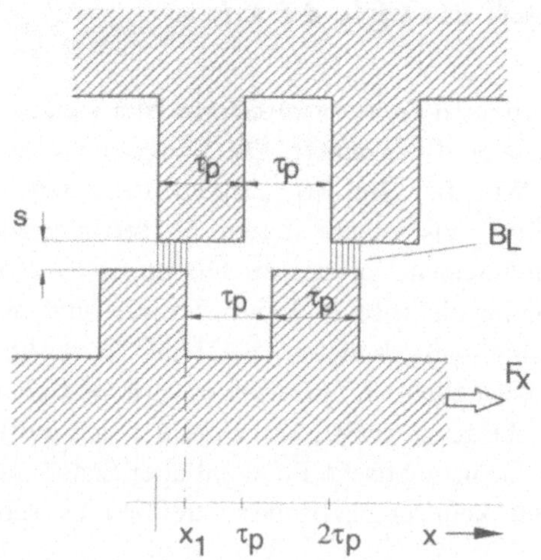

Bild 9.7:
Luftspaltfeld der elektrisch erregten Transversalflußanordnung

Bereich $0 \leq x \leq \tau_p$:

Magnetische Energie $$W_L = \frac{B_L^2}{2\mu_0} l \cdot s \cdot x$$

Vortriebskraft $$F_x = \frac{\partial W}{\partial x_1} = \frac{B_L^2}{2\mu_0} l \cdot s$$

Die Vortriebskraft F_x ist in dem Bereich $0 \leq x \leq \tau_p$ konstant und wirkt in positiver x-Richtung (Einfluß der Randfelder vernachlässigt).

Bereich $\tau_p \leq x \leq 2\tau_p$:

Magnetische Energie $$W_L = \frac{B_L^2}{2\mu_0} l \cdot s \cdot (\tau_p - x)$$

Vortriebskraft $$F_x = \frac{\partial W}{\partial x_1} = - \frac{B_L^2}{2\mu_0} l \cdot s$$

Im Bereich $\tau_p \leq x \leq 2\tau_p$ wirkt die Vortriebskraft in negativer Richtung. Um den hieraus resultierenden Bremseinfluß zu vermeiden, ist die Erregung in diesem Bereich auf Null zu setzen. Der zeitliche Verlauf der Vortriebskraft $F_x(t)$ zeigt damit den in Bild 9.8 dargestellten pulsförmigen Verlauf und führt auf eine mittlere Vortriebskraft, die dem halben Maximalwert entspricht. Aus den dargestellten Zusammenhängen wird erkennbar, daß der Verzicht auf die Erregung durch Permanentmagnete gegenüber der durch Permanentmagnete erregten Transversalflußmaschine zu einer Reduzierung der spezifischen Schubkraft auf etwa 50 % führt.

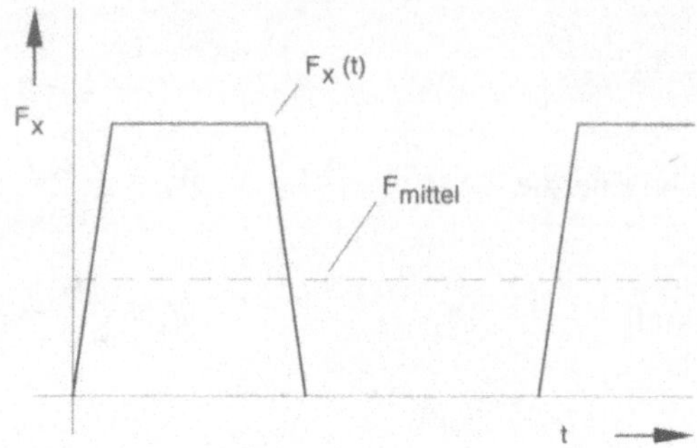

Bild 9.8:
Zeitverlauf der Vortriebskraft (einsträngige TFE-Maschine)

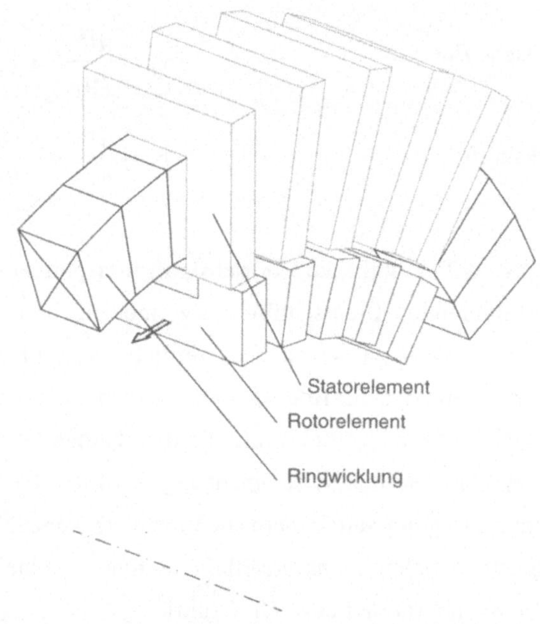

Bild 9.9:
Elektrisch erregte Transversalflußanordnung (rotierend)

In Bild 9.9 ist die Anordnung des magnetischen Kreises einer rotierenden elektrisch erregten Transversalflußmaschine dargestellt.

10 Linearmotoren

In der Antriebstechnik ist ein deutlicher Trend zu Direktantrieben zu beobachten. Durch den Fortfall von Getrieben und Antriebselementen wird in Verbindung mit einem geeigneten Positionsmeßsystem und einer Regelung eine hohe Genauigkeit und eine hohe Dynamik erzielt. Den beiden in der Anwendung anzutreffenden unterschiedlichen Bauarten "Asynchronlinearmotor" und "Synchronlinearmotor" sind folgende Merkmale gemeinsam:

Vorteile:

- Einfachheit (Entfall von Getriebe und Spindel).
- Hohe Genauigkeit (Nanometer-Bereich, Messung und Regelung der Lage direkt an der Last).
- Geringer Verschleiß (Entfall von Verschleißteilen, Getriebelose etc.).
- Hohe Dynamik und aktive Dämpfung (Vermeiden von Eigenfrequenzen und geringer Steifigkeit sowie Hysterese in der Antriebstechnik).
- Hohe Steifigkeit ($> 100\,\mathrm{N/\mu m}$ durch Einsatz moderner digitaler Regelungstechnik).
- Hohe Verfahrgeschwindigkeit ($> 300\,\mathrm{m/min}$, realisierbar durch Direktantrieb).

Nachteile:

- Größerer Motorquerschnitt (im Vergleich zu Spindel mit rotierendem Antrieb).
- Größeres Eigengewicht (im Vergleich zu Spindel mit rotierendem Antrieb).

- Schlechte Kühlbedingungen (Erzeugung der Wärme im bewegten Teil).
- Erhöhte Kupferverluste (Wärme), dafür aber Entfall der Getriebeverluste.
- Hohe Anforderungen an die mechanische Führung (Montage mit engen Toleranzen).
- Schutzart (Abdeckung der meist aus Platzgründen in offener Bauform gelieferten aktiven Linearmotor-Komponenten).
- Kosten (den höheren Kosten des Linearmotors stehen bei einem rotierenden Antrieb die Kosteneinsparungen durch den Entfall von Getriebe und Spindel gegenüber).

Bild 10.1 zeigt die Übersicht über ein modernes lineares Antriebssystem, wie es im Bereich der Werkzeugmaschinen eingesetzt wird. Im einzelnen sind folgende Komponenten dargestellt:

- Linearmotor (linear bewegliches Primärteil und ortsfestes Sekundärteil).
- Positionsmeßeinrichtung (ortsfester Maßstab und beweglicher Lesekopf).
- Wechselrichter (Speisung des Linearmotors).
- Regelung (Motorregelung, Positionsregelung).

CNC-Steuerung (Vorgabe der Bearbeitungskoordinaten):

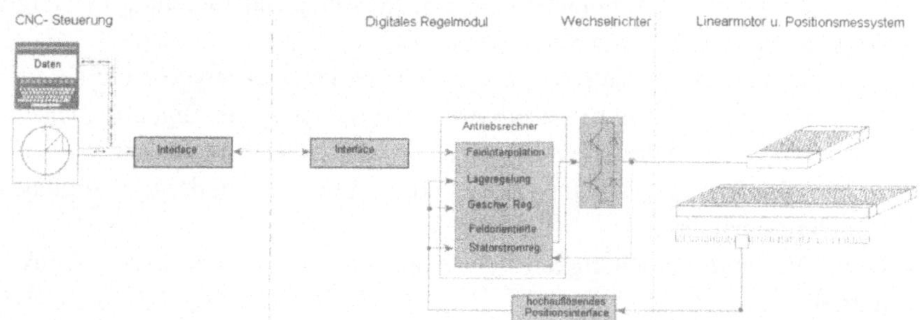

Bild 10.1:
Gesamtansicht eines linearen Antriebssystems. Der Linearmotor kann in unterschiedlicher Technologie realisiert sein:

- Asynchron-Kurzstator-Linearmotor (Das Primärteil ist eisenbehaftet, beweglich und trägt eine mehrsträngige Wicklung; die Energiezufuhr erfolgt über ein Schleppkabel. Das Sekundärteil ist eisenbehaftet, ortsfest, sowie mit einer Kurzschlußwicklung versehen. Zur Erhöhung der Schubkraft kann der Asynchron-Kurzstator-Linearmotor auch als Doppelkamm-Linearmotor ausgeführt werden).

- Synchron-Kurzstator-Linearmotor eisenbehaftet (Das Primärteil ist eisenbehaftet, beweglich und trägt eine mehrsträngige Wicklung; die Energiezufuhr erfolgt über ein Schleppkabel. Das Sekundärteil ist eisenbehaftet, ortsfest und trägt Permanentmagnete zur Erzeugung eines Erregerfeldes).

- Synchron-Kurzstator-Linearmotor eisenlos (das Primärteil ist beweglich, besteht lediglich aus einer mehrsträngigen Wicklung und ist zwischen zwei eisenbehafteten mit Permanentmagneten versehenen ortsfesten Sekundärteilen angeordnet).

Die in Tabelle 10.1 angegebene Darstellung läßt die wesentlichen Eigenschaften der unterschiedlichen Linearmotorkonzeptionen erkennen.

Tabelle 10.1: Eigenschaften von Linearmotorkonzeptionen

	Asynchron-LIM	Synchron-LIM (eisenbehaftet)	Synchron-LIM (eisenlos)
Luftspalt	klein	groß	groß
Kraftdichte(Antrieb)	gering	groß	gering
Nut/Reluktanzkräfte	gering	groß	nein
Überlastbarkeit	gering	groß	groß
Verluste im Sekundärteil	ja	nein	nein
Wirkungsgrad	niedrig	hoch	mittel

Die Lagerung und Führung eines Linearmotors wird im Bereich der Anwendungen des Maschinenbaus (z.B. Werkzeugmaschinen, Bearbeitungszentren) vom Anwender vorgesehen.

Übliche Lagertechniken sind:

- Gleitlager
- Rollenlager
- Kugelumlauflager
- Luftlager
- Magnetlager

Durch die außer bei dem eisenlosen Synchron-LIM vorhandene Normalkraft ergibt sich eine für die Steifigkeit eines Luftlagers nützliche Vorspannung in vertikaler Richtung. Hinsichtlich der Positioniergenauigkeit weisen Luftlager zudem positive Eigenschaften auf, da ein Slip / Stick-Effekt fehlt. In den Bildern 10.2 und 10.3 sind Einzel- und Doppelkamm-Linearmotoranordnungen zusammen mit den Führungssystemen dargestellt.

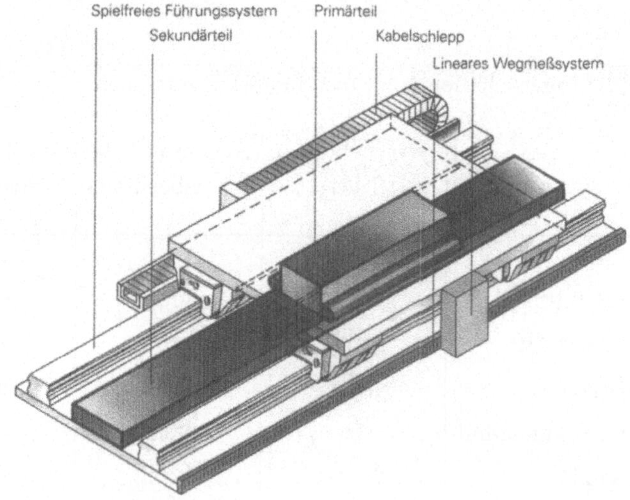

Bild 10.2:
Einzelkamm-Linearmotor

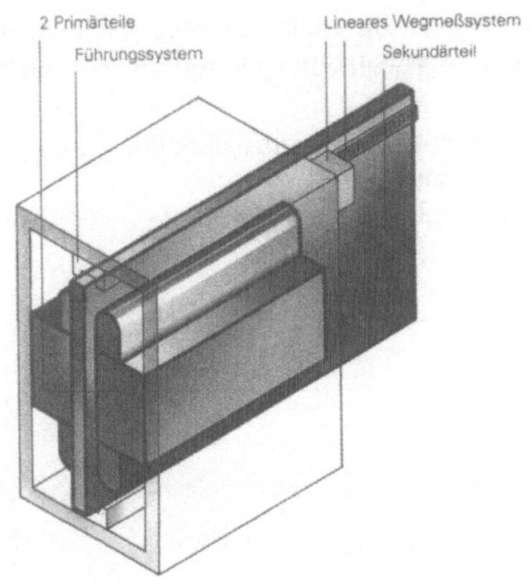

Bild 10.3:
Doppelkamm-Linearmotor

10.1 Asynchron-Linearmotor

Der eisenbehaftete Asynchron-Linearmotor besteht in der Einzelkammanordnung aus einem beweglichen Primärteil und einem ortsfesten Sekundärteil (Bild 10.4). Zur Vermeidung von Wirbelstrom- und Ummagnetisierungsverlusten ist das Primärteil entsprechend der Anordnung rotierender Maschinen geblecht. Weiterhin ist das Primärteil mit quer zur Bewegungsrichtung angeordneten Nuten versehen, in denen eine mehrsträngige (im allgemeinen dreisträngige) Wanderfeldwicklung angeordnet ist. Die Energieversorgung der Wanderfeldwicklung erfolgt aus einem ortsfestem Wechselrichter, welcher ein mehrphasiges Spannungssystem mit variabler Frequenz und Amplitude bereitstellt. Die Zuführung der Energie erfolgt durch Schleppkabel.

Die Amplitude der Wechselrichterausgangsspannung sowie deren Frequenz werden von einer Regeleinrichtung beeinflußt, die folgende Aufgaben erfüllt:

- Regelung des magnetischen Luftspaltfeldes.
- Regelung der Schubkraft.
- Positionierung und Dämpfung.

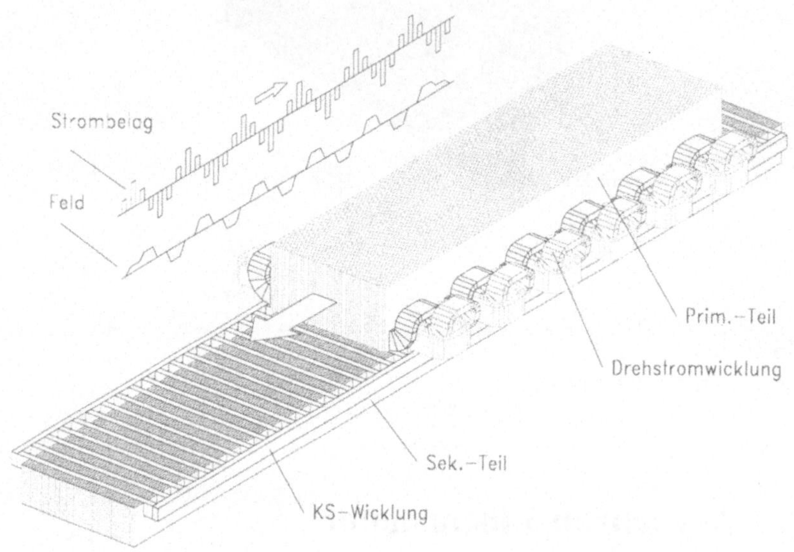

Bild 10.4:
Asynchron-Linearmotor

Zur Erzielung einer hohen Schubkraft werden die Maschinenwicklungen mit hohen Stromdichten ($S < 10\,\mathrm{A/mm^2}$) beaufschlagt, so daß oftmals eine Flüssigkeitskühlung zur Abfuhr der Stromwärmeverluste vorzusehen ist.
Das Sekundärteil ist zur Vermeidung von Wirbelstrom- und Ummagnetisierungsverlusten gleich dem Primärteil geblecht und trägt in quer zur Bewegungsrichtung angeordneten Nuten eine Kurzschlußwicklung. Die Länge des Sekundärteils erstreckt sich über den gesamten zurückzulegenden Positionierbereich. Zur Reduzierung der hochfrequenten Kraftanteile, welche durch die quer zur Bewegungsrichtung angeordneten Nutungen hervorgerufen werden, kann eine Schrägung der Nuten vorgesehen werden.

Das Betriebsverhalten des Asynchron-Kurzstator-Linearmotors entspricht dem der entsprechenden rotierenden Anordnung, wenn von den Endeffekten abgesehen wird. Bedingt durch die im Vergleich zur rotierenden Asynchronmaschine endliche Länge des Primärteils erfolgt in dem in Bewegungsrichtung vorn angeordneten Bereich des Primärteils ein verzögerter Aufbau des Feldes, während im hinteren Bereich ein verzögertes Abklingen des magnetischen Feldes zu verzeichnen ist. Beide Endeffekte führen zu einer Verringerung der Schubkraft.

10.2 Synchron-Linearmotor

Der eisenbehaftete Synchron-Linearmotor besteht aus einem beweglichen Primärteil und einem ortsfesten Sekundärteil (Bild 10.5). Zur Vermeidung von Wirbelstrom- und Ummagnetisierungsverlusten ist das Primärteil entsprechend der Anordnung rotierender Maschinen geblecht. Weiterhin ist das Primärteil mit quer zur Bewegungsrichtung angeordneten Nuten versehen, in denen eine mehrsträngige (im allgemeinen dreisträngige) Wanderfeldwicklung angeordnet ist. Die Energieversorgung der Wanderfeldwicklung erfolgt aus einem ortsfestem Wechselrichter, welcher ein mehrphasiges Spannungssystem mit variabler Frequenz und Amplitude bereitstellt. Die Zuführung der Energie erfolgt durch Schleppkabel.
Die Amplitude der Wechselrichterausgangsspannung sowie deren Frequenz werden von einer Regeleinrichtung beeinflußt, die folgende Aufgaben erfüllt:

- Regelung der Phasenlage der primärseitigen Strombelagswelle entsprechend der Momentanlage relativ zu den sekundärseitigen (Erreger)-Permanentmagneten (Pollageregelung).
- Regelung der Schubkraft.
- Positionierung und Dämpfung.

Zur Erzielung einer hohen Schubkraft werden die Maschinenwicklungen mit hohen Stromdichten ($S < 10\,\mathrm{A/mm^2}$) beaufschlagt, so daß oftmals eine Flüssigkeitskühlung zur Abfuhr der Stromwärmeverluste vorzusehen ist.

Das Sekundärteil kann im Gegensatz zu dem des Asynchron-Linearmotors aus Massiv-Stahl ausgebildet werden. Die Permanentmagnete sind flach auf

der dem Primärteil zugewandten Fläche mit wechselnder Polarität angeordnet. Die Anordnung der Permanentmagnete erstreckt sich über die gesamte Länge des Sekundärteils, so daß sie einen wesentlichen Kostenanteil bilden, insbesondere wenn zur Erzielung einer hohen Luftspaltinduktion Permanentmagnete hoher Energiedichte verwendet werden.
Zur Reduzierung der Wechselkraftanteile, welche durch die Primärnutung hervorgerufen werden, kann die Nutung bezogen auf die Begrenzungskanten der Permanentmagnete geschrägt angeordnet werden. Das Betriebsverhalten des Synchron-Linearmotors entspricht dem der entsprechenden rotierenden Anordnung. Das Gesamtverhalten des Synchron-Linearantriebes (Synchron-Linearmotor und geregelter Wechselrichter) weicht jedoch von dem einer am starren Netz betriebenen rotierenden Synchronmaschine ab.

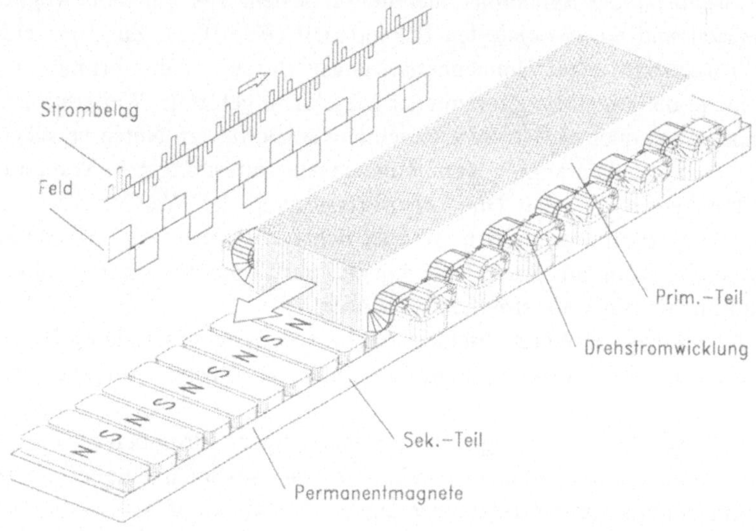

Bild 10.5:
Synchron-Linearmotor

Da die Pollageregelung zu einer steten Nachführung der Phasenlage der primärseitigen Strombelagswelle führt, ist ein mit Instabilität verbundenes Kippen des Antriebes ausgeschlossen. Das Betriebsverhalten des geregelten Synchron-Linearmotors entspricht dem einer Gleichstromnebenschlußmaschine.

11 Magnetlager

Magnetlager werden bei der berührungsfreien Lagerung rotierender Wellen oder linear bewegter Körper angewendet. Diese Lagertechnik zeichnet sich durch folgende Merkmale aus:

Vorteile:
- kein mechanischer Verschleiß
- geringer Wartungsaufwand
- Realisierung hoher Drehzahlen
- aktive Schwingungsdämpfung
- regelbare Dynamik

Nachteile:
- höherer Aufwand (im Vergleich zu passiven mechanischen Lagern)
- großes Bauvolumen
- fail-safe-Verhalten erfordert zusätzlichen Aufwand

Anwendungen:
- Vakuumtechnik (Turbomolekularpumpen)
- Werkzeugmaschinen (z.B. Hochgeschwindigkeitsfrässpindel)
- Turbomaschinen (z.B. Zentrifuge)
- Verkehrstechnik (Nahverkehrs- und Hochgeschwindigkeits-Bahnsysteme)
- Energietechnik (Schwungrad-Energiespeicher)

Die aktive magnetische Lagerung basiert auf dem Einsatz geregelter Elektromagnete bzw. einer Kombination von Elektro- und Permanentmagneten. Mit der Entwicklung von Hochtemperatur-Supraleitern ist es jedoch auch möglich geworden, stabile passive magnetische Lager zu realisieren.
Da das natürliche Verhalten eines Elektro- oder Permanentmagneten durch Instabilität gekennzeichnet ist, sind zur aktiven Stabilisierung überlagerte Sensor-, Regel- und Stelleinrichtungen erforderlich, um zusammen mit dem

Elektromagneten und dem zu lagernden ferromagnetischen Reaktionsteil einen geschlossenen Regelkreis zu bilden.

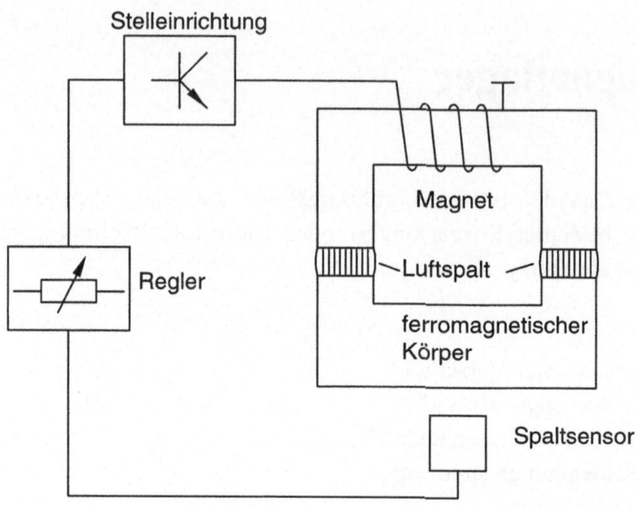

Bild 11.1:
Prinzip der aktiven elektromagnetischen Lagerung

11.1 Magnetkraft

Der Elektromagnet bildet zusammen mit dem zu lagernden ferromagnetischen Körper einen magnetischen Kreis. Die Koppelung zwischen beiden Teilen erfolgt durch das im Luftspalt vorhandene kraftbildende Magnetfeld. Die Felddichte B_L ist proportional zu dem Strom I des Magneten und umgekehrt proportional zum Luftspalt s. Die im Luftspalt wirksame Magnetkraft F_{mag} ist proportional dem Quadrat der Felddichte B_L. Bei konstantem Magnetstrom I ergibt sich somit ein destabilisierender Einfluß des Luftspaltes s auf die Magnetkraft F_{mag}.

Zur Beschreibung des wesentlichen Verhaltens werden im folgenden die Einflüsse durch magnetische Sättigung und magnetische Streuung vernachlässigt. Die Herleitung der Grundgleichungen erfolgt anhand des in Bild 11.2 angegebenen elektrischen Ersatzschaltbildes des magnetischen Kreises.

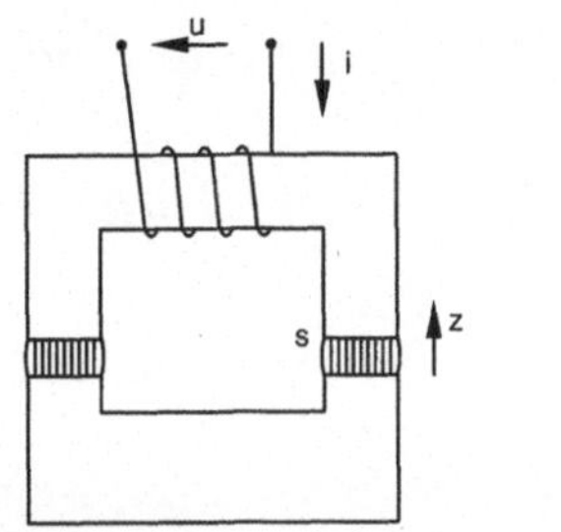

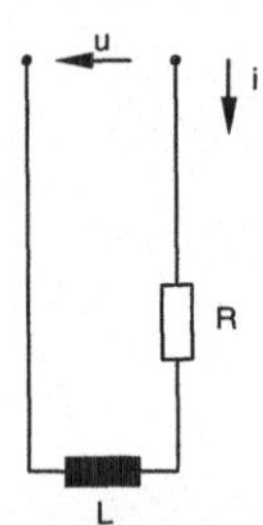

a) physikalische Anordnung b) elektrisches Ersatzschaltbild

Bild 11.2:
Elektromagnet

Spannungsgleichung: $u = R \cdot I + \frac{\mathrm{d}}{\mathrm{d}t}(L \cdot i)$

Flußverkettung: $\Psi = L \cdot i = w \cdot \Phi$

Induktivität: $L = w^2 \cdot \mu_0 \cdot \frac{A_L}{2 \cdot s} = k_L \frac{1}{s}$

aktive Fläche des Luftspaltes: A_L

Luftspalt: s

magnetischer Fluß: $\Phi_L = B_L \cdot A_L$

magnetische Flußdichte: B_L

Magnetkraft: $F_{mag} = \frac{B_L^2}{2 \cdot \mu_0} \cdot 2A_L$

$$\frac{\mathrm{d}}{\mathrm{d}t} = (\dot{\ })$$

Das Ziel einer Umformung der angegebenen Gleichungen ist es, einen Zusammenhang zwischen der an der Magnetwicklung anliegenden Spannung u, der gebildeten Magnetkraft $F_{ma\dot{g}}$ und dem Luftspalt s zu erhalten.

Spannungsgleichung: $$u = R \cdot i + \dot{\Psi}$$

$$\dot{\Psi} = u - R \cdot i$$

$$\Psi = \int_0^t (u - R \cdot i)\,\mathrm{d}t$$

Magnetstrom: $$i = \frac{\Psi}{L} = \frac{1}{k_L} \cdot \Psi \cdot s$$

Der Zusammenhang zwischen der Spannung u und dem magnetischen Fluß Ψ ist in der in Bild 11.3 dargestellten Struktur angegeben.

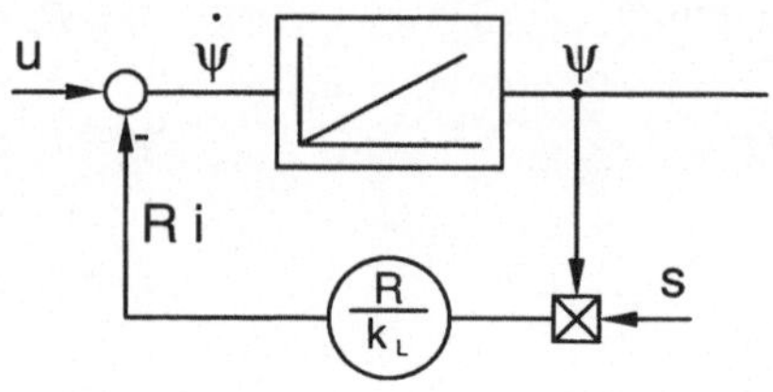

Bild 11.3:
Strukturbild Elektromagnet (Spannungsgleichung)

Durch weitere Umformungen ergibt sich die Magnetkraft F_{mag}:

Magnetkraft: $$F_{mag} = \frac{A_L}{\mu_0} B_L^2$$

magnetische Flußdichte: $$B_L = \frac{\Phi_L}{A_L} = \frac{1}{w \cdot A_L} \Psi$$

Die Differentialgleichung der Bewegung des Schwebekörpers mit der Masse m wird beschrieben durch:

$$m \cdot \ddot{z} = F_{mag} - m \cdot g$$

DGL der Bewegung:
$$\dot{z} = \frac{1}{m} \int_0^t \left(F_{mag} - m \cdot g \right) \mathrm{d}t$$

$$z = \int_0^t \dot{z} \, \mathrm{d}t$$

Wird die Bewegungskoordinate z gleich dem Luftspalt s gesetzt, ergibt sich für die Kraftbildung und die Bewegungsgleichung die in Bild 11.4 dargestellte Struktur.

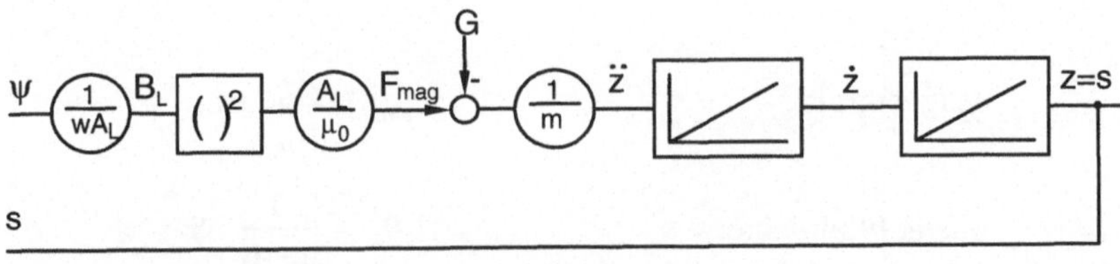

Bild 11.4:
Strukturbild Elektromagnet (Kraftbildung, Bewegungs-Gleichung)

Die Gesamtdarstellung eines Elektromagneten in dem Strukturbild (Bild 11.5) läßt die Rückwirkung des mechanischen Luftspaltes s auf die elektrischen Größen und damit auf die Magnetkraft F_{mag} erkennen. Das dynamische Verhalten der Kraftbildung ist dadurch gekennzeichnet, daß eine Änderung der Spannung u sich nur verzögert in einer Änderung der Kraft abbildet, da die (vom Luftspalt s) abhängige Induktivität $L(s)$ einer schnellen Stromänderung entgegen wirkt. Insgesamt handelt es sich damit bei einem Elektromagneten um ein dynamisches System 3. Ordnung.

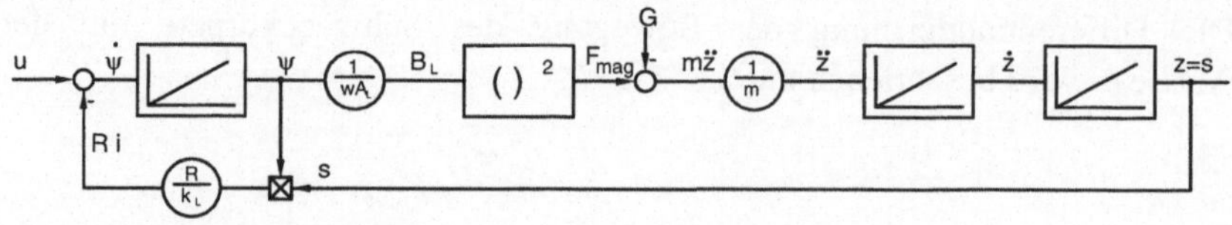

Bild 11.5:
Strukturbild eines Elektromagneten (Gesamtanordnung)

Magnetkraftkennlinie:

Der stationäre Zusammenhang zwischen der Magnetkraft F_{mag}, dem Magnetstrom i und dem Luftspalt s läßt sich aus der Magnetkraftgleichung bestimmen.

Magnetkraft: $$F_{mag} = \frac{A_L}{\mu_0} \cdot B_L^2$$

magn. Flußdichte: $$B_L = \frac{1}{w \cdot A_L} \cdot \Psi$$

Flußverkettung: $$\Psi = L \cdot i$$

Induktivität: $$L = w^2 \cdot \mu_0 \cdot \frac{A_L}{2} \cdot \frac{1}{s}$$

Die Umformung der oben aufgeführten Gleichungen liefert den gewünschten Ausdruck für die Magnetkraft $F_{mag}(i, s)$

$$F_{mag}(i,s) = \frac{A_L}{\mu_0}\left(\frac{1}{w \cdot A_L}\right)^2 \cdot \Psi^2$$

$$= \frac{1}{w^2 \cdot \mu_0 \cdot A_L} \cdot L^2 \cdot i^2$$

$$= \frac{1}{w^2 \cdot \mu_0 \cdot A_L} \frac{w^4 \cdot \mu_0^2 \cdot A_L^2}{4} \cdot \frac{i^2}{s^2}$$

$$= \frac{w^2 \cdot \mu_0 \cdot A_L}{4} \cdot \frac{i^2}{s^2}$$

$$= k_F \cdot \frac{i^2}{s^2}$$

Übliche Darstellungen der Magnetkraftkennlinien sind in den Bildern 11.6a und 11.6b angegeben.

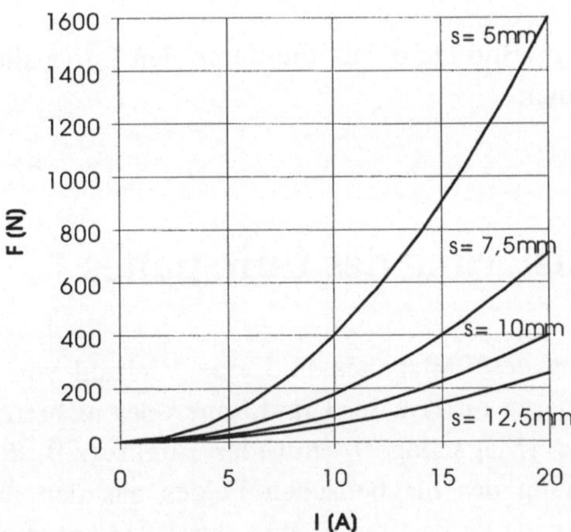

Bild 11.6 a:
Magnetkraftkennlinie $F(i)$, Parameter s

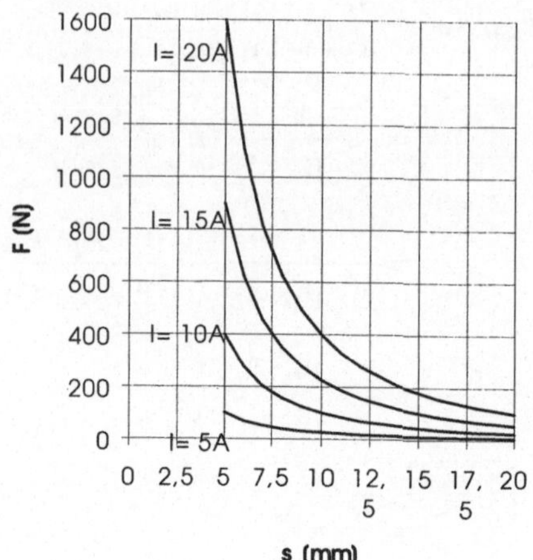

Bild 11.6 b:
Magnetkraftkennlinie $F(s)$, Parameter i

Die Darstellung in Bild 11.6b läßt die durch den Luftspalteinfluß gegebene Instabilität erkennen.

11.2 Stabilisierung des Luftspaltes

Zur Stabilisierung des Luftspaltes sind eine Vielzahl von Reglerstrukturen bekannt. Sie basieren im Prinzip darauf, eine oder mehrere Zustandsgrößen der Regelstrecke (Magnetlager) entweder direkt (z.B. Spaltsensor) oder indirekt (Berechung des magnetischen Feldes aus den meßbaren Größen Strom und Luftspalt) zu bestimmen und durch Verknüpfung der Zustandsgrößen-Signale ein Reglerausgangssignal zu bilden und dem Leistungsstellglied (Stromsteller) als Eingangssignal zuzuführen.

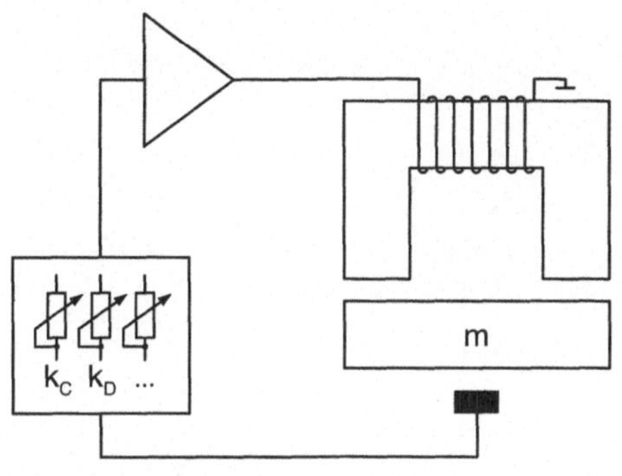

a) Stabilisierung des Luftspaltes

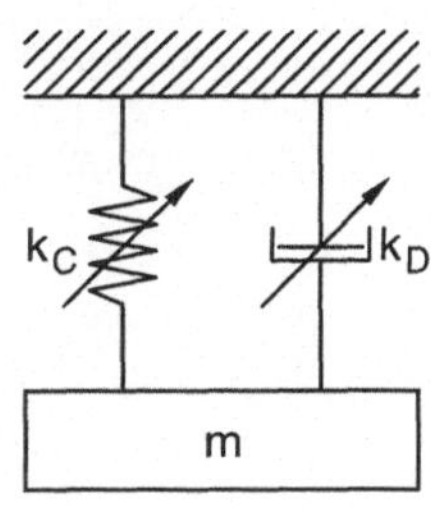

b) äquivalente Mechanstruktur

Bild 11.7:
Dynamik der Luftspaltstabilisierung

Durch unterschiedliche Gewichtung der Zustandsgrößen-Signale kann das dynamische Verhalten des Magnetlagers in weiten Grenzen unterschiedlichen Anforderungen angepaßt werden. Innerhalb der durch die Auslegung des Magnetlagers gegebenen Aussteuergrenzen entspricht das dynamische Verhalten dem eines passiven mechanischen Feder-Masse-Dämpfer-Systems (Bild 11.7).

11.3 Ausführungsformen und Anwendungsbeispiele

Aus der Vielzahl der Gestaltungsmöglichkeiten magnetischer Lager bilden die nachfolgenden Beispiele lediglich einen kleinen Ausschnitt.

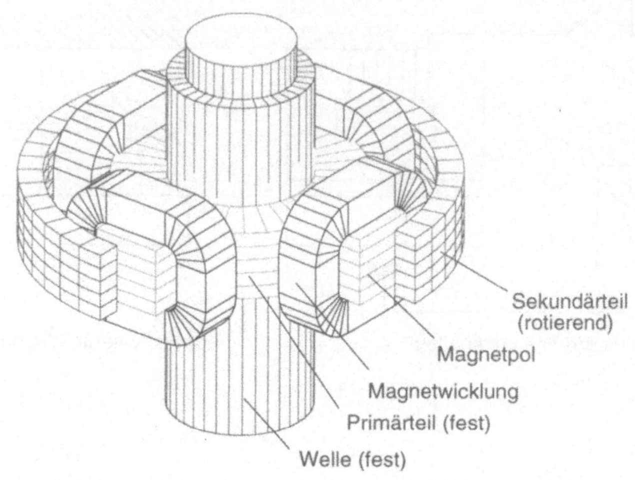

Bild 11.8:
Radiales Magnetlager (aktiv, Außenläufer)

Bild 11.8 zeigt ein aktives elektromagnetisches Radiallager, bei dem die Erregung des Luftspaltfeldes durch das innen angeordnete Erregerteil erfolgt. Die Magnetisierung der innen angeordneten Pole erfolgt aufeinander folgend mit wechselnder Polarität. Zur Stabilisierung der x,y-Koordinaten ist eine aktive Luftspaltregelung erforderlich. In z-Richtung ist das Lager eigenstabil, weist jedoch nur schwach ausgeprägte Kräfte auf.

Bild 11.9 zeigt ein aktives elektromagnetisches Axiallager, bei dem die Erregung des Luftspaltfeldes durch das oben angeordnete Erregerteil erfolgt, welches eine Ringwicklung trägt. Hierdurch ergibt sich über den Umfang gesehen ein magnetisches Gleichfeld, so daß keine Blechung erforderlich ist. Bezüglich der x,y-Koordinate bedarf es einer aktiven Luftspaltregelung. Der Einsatz von Permanentmagneten erlaubt die leistungslose magnetische Lagerung. Die geometrische Anordnung und die Magnetisierungsrichtung können dabei so gewählt werden, daß sich bezüglich jeweils einer Bewegungskoordinate ein stabiles (abstoßende Kräfte) oder aber ein instabiles (anziehende Kräfte) Lageverhalten ergibt. Die Bilder 11.10 – 11.13 zeigen hierfür einige prinzipielle Anordnungen. Aufgrund des Theorems von

Earnshaw ist es jedoch nicht möglich, einen Körper in allen 6 Freiheitsgraden bei ausschließlicher Verwendung von Permanentmagneten frei stabil zu lagern. Für freie und stabile Lagerung ist die aktive Stabilisierung zumindest eines Freiheitsgrades erforderlich.

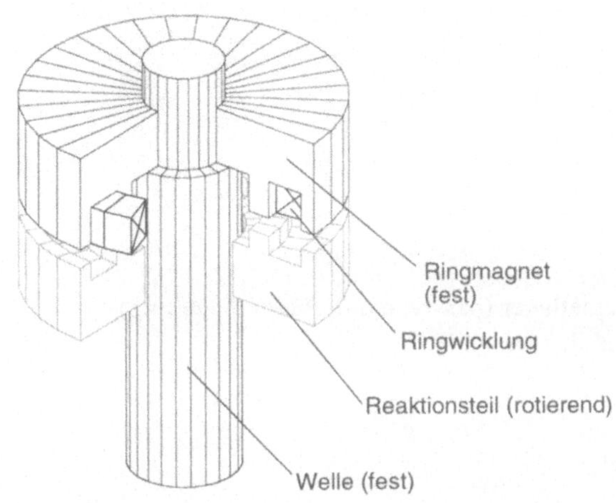

Bild 11.9:
Axiales Magnetlager (aktiv, Außenläufer, Schnittdarstellung)

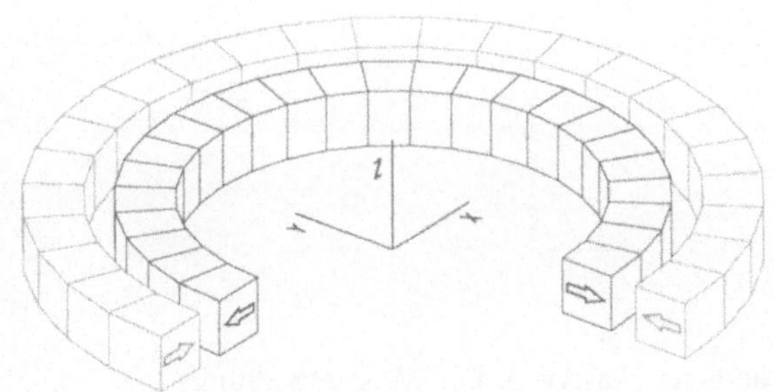

Bild 11.10:
Radiales Magnetlager (passiv, radiale Magnetisierung);
(x, y eigenstabil, z instabil)

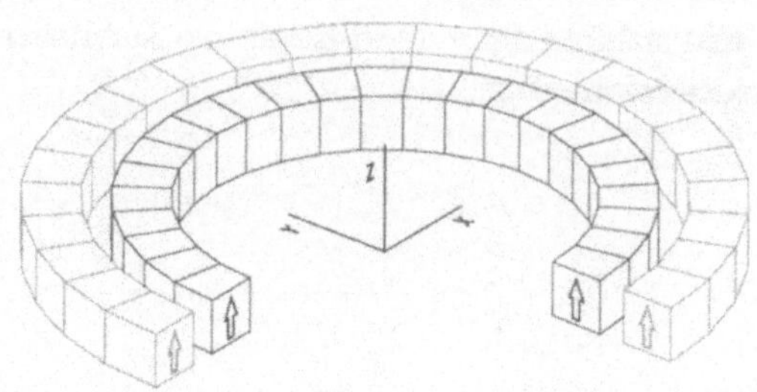

Bild 11.11:
Radiales Magnetlager (passiv, axiale Magnetisierung)
(x, y eigenstabil, z instabil)

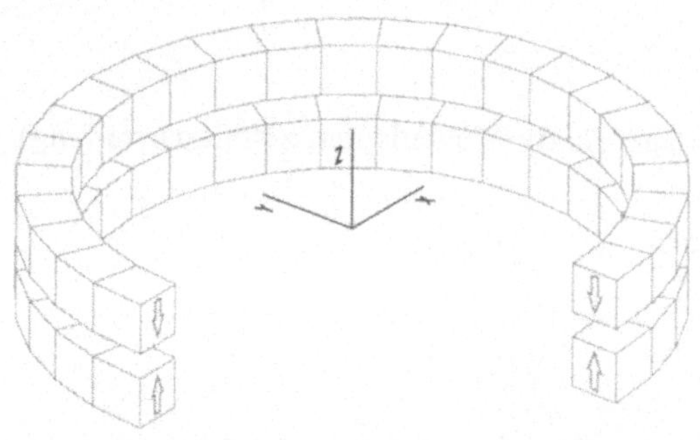

Bild 11.12:
Axiales Magnetlager (passiv, axiale Magnetisierung)
(x, y instabil, z eigenstabil)

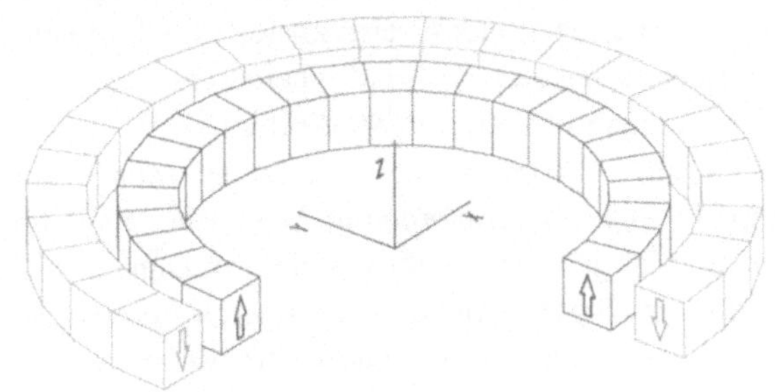

Bild 11.13:
Axiales Magnetlager (passiv, radiale Magnetisierung)
(x, y instabil, z eigenstabil)

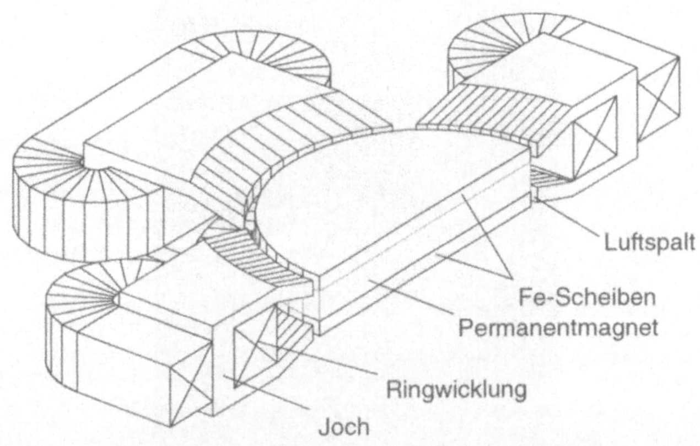

Bild 11.14:
Hybridlager (P+E-Magnet), aktiv geregelt, z: eigenstabil; x, y: geregelt stabil

Bild 11.14 zeigt die prinzipielle Anordnung eines Hybridlagers, bei dem sowohl P- als auch E-Magnete Anwendung finden. Das Lager ist in z-Richtung eigenstabil und weist aufgrund der ausgeprägten Polschuhe in diesem Freiheitsgrad große Rückstellkräfte auf. Die x,y-Koordinaten werden durch die außen angeordneten Elektromagnete aktiv stabilisiert. Da die Grunderregung des Luftspaltfeldes leistungslos durch einen P-Magneten erfolgt, ist der Leistungsbedarf der E-Magnete sehr gering und entspricht lediglich der Ausregelung von äußeren Störkräften.

Bild 11.15 zeigt ein Ausführungsbeispiel einer magnetisch gelagerten Molekularpumpe in Außenläuferanordnung. Eine feste Welle trägt im oberen und im unteren Bereich jeweils ein aktives elektromagnetisches Radiallager. Zur Kompensation des Eigengewichts ist im oberen Bereich ein zusätzliches aktives Axiallager angeordnet. Der rotatorische Antrieb ($n = 30.000 \text{ min}^{-1}$) erfolgt im Mittelbereich durch einen Mittelfrequenzmotor.

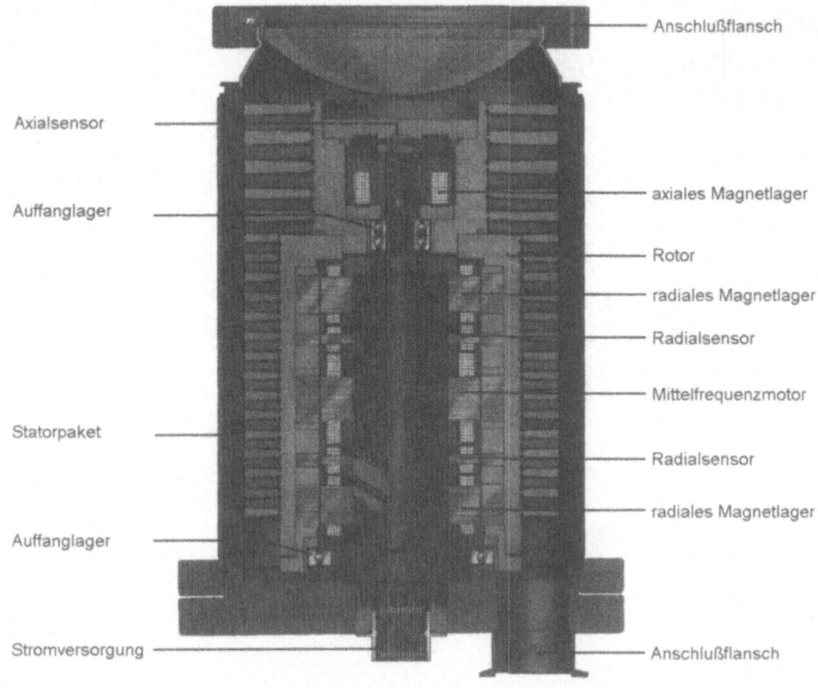

Bild 11.15:
Ausführungsbeispiel einer magnetisch gelagerten Molekularpumpe (Leybold Heraeus)

In Bild 11.16 ist ein magnetisches Großlager dargestellt. Es bildet einen Prüfstand, bei dem mit Hilfe eines magnetisch gelagerten und von einem Linearmotor angetriebenen Kreiszylinders Reifenrollgeräusche, Reifenhaltbarkeit, Aquaplaning und Bremsverhalten sowie Fahrbahnbelastungen und Fahrbahnverschleiß untersucht werden können.

Technische Daten:

Kreiszylinder:

Außendurchmesser:	7,5 m
Innendurchmesser:	5,5 m
Masse:	15,0 t
max. Umfangsgeschwindigkeit:	$v_{max} = 350 \text{km/h}$
Antrieb:	
Asynchronlinearmotor:	$P_a = 150 \text{ kW}$
	$F_a = 10 \text{ kN}$
Radstation:	
Reifengrößen:	135×13 bis 225×15
Lenkwinkel:	-10° bis +45°
Sturzwinkel:	$\pm 6°$
Antriebsleistung (ASM):	$P_{a\,rad} = 140 \text{ kW}$

Die für einen Schwebestand erforderliche Normalkraft wird von geregelten Elektromagneten aufgebracht, welche im unteren Bereich des Stahlringes angeordnet sind. Die Erzeugung der Führungskraft erfolgt durch beidseitig am Umfang verteilt angeordnete Führmagnete. Über den gesamten Innenmantel sind auswechselbare Kassetten angeordnet. Durch Wechsel der Kassette ist die Untersuchung unterschiedlicher Straßenbeläge möglich. Das zu untersuchende Rad wird im Tiefpunkt auf die rotierende Endlos-Fahrbahn gedrückt.

Bild 11.16:
Magnetisch gelagerter Reifenprüfstand (Thyssen Henschel)

Eine Detailansicht der magnetischen Lagertechnik ist in Bild 11.17 dargestellt. Die Tragmagnete wirken beidseitig auf den inneren Umfang, während die Führmagnete beidseitig die senkrechte Wandung des als Kasten ausgebildeten ferromagnetischen Kreiszylinders als Reaktionsfläche nutzen. Die Polschäfte der Magnete tragen ferromagnetische Polleisten, die zugleich die Funktion eines Notlauflagers übernehmen. Aufgrund der vielfach angeordneten Trag- und Führmagnete ergibt sich eine Redundanz, so daß die Funktion der magnetischen Lagerung auch bei einem Einzelausfall eines Magnetregelkreises gewährleistet ist.

Bild 11.17:
Reifenprüfstand, Anordnung der unteren Trag- und Führmagnete (Thyssen Henschel)

12 Leistungsschildangaben

Maschinendaten:

Auf dem Leistungsschild einer elektrischen Maschine sind alle für den Einsatz der Maschine wichtigen Daten, insbesondere die bei Nennbetrieb auftretenden Werte für Leistung, Spannung, Strom und Drehzahl aufgeführt. Der Umfang der erforderlichen Angaben ist in VDE 0530 festgelegt. In DIN 42961 ist ein Muster (Bild 12.1) für die Gestaltung des Leistungsschildes angegeben. Die nachstehende Aufstellung in Tabelle 12.1 gibt einen Auszug mit den wichtigsten Bezeichnungen wieder.

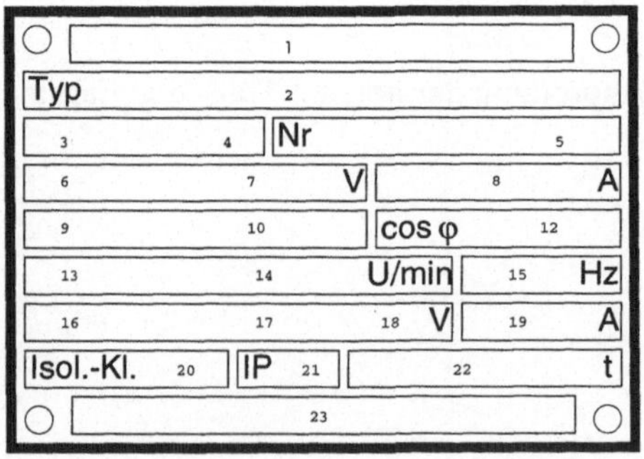

1
Typ 2
3 4 Nr 5
6 7 V 8 A
9 10 cos φ 12
13 14 U/min 15 Hz
16 17 18 V 19 A
Isol.-Kl. 20 IP 21 22 t
23

Bild 12.1:
Leistungsschild nach DIN 42961

Tabelle 12.1: Leistungsschildangaben nach DIN 42961 (Auszug)

Feld	Erklärung	Feld	Erklärung	Feld	Erklärung
1	Hersteller	8	Nennstrom	16	Err.: Erregung bei GM Lfr.: Läufer bei ASM
2	Typ, Baugröße	9, 10	Nennleistung mit Einheit	17	Schaltung der Läufer-wicklung
3	Stromart, z.B. Gleichstrom (-), Drehstrom (3~)	11	Nennbetriebsart	18	Nennerregerspannung
4	Arbeitsweise, z.B. Generator (Gen.), Motor (Mot.)	12	Leistungsfaktor	19	Nennerregerstrom, Läuferstrom
5	Fertigungsnummer, Baujahr	13	Drehrichtung, z.B. Rechtslauf von ASM	20	Isolierstoffklasse (z.B. E, B, H)
6	Schaltung der Wicklung, z.B. Sternschaltung (Y), Dreieckschaltung (Δ)	14	Nenndrehzahl	21	Schutzart
7	Nennspannung	15	Nennfrequenz	22	Gewicht
				23	Zusätzliche Vermerke, z.B.: Kühlmittelmenge, Trägheitsmoment

Die nachfolgenden Abbildungen zeigen einige Beispiele für die Typenschilder unterschiedlicher Maschinen.

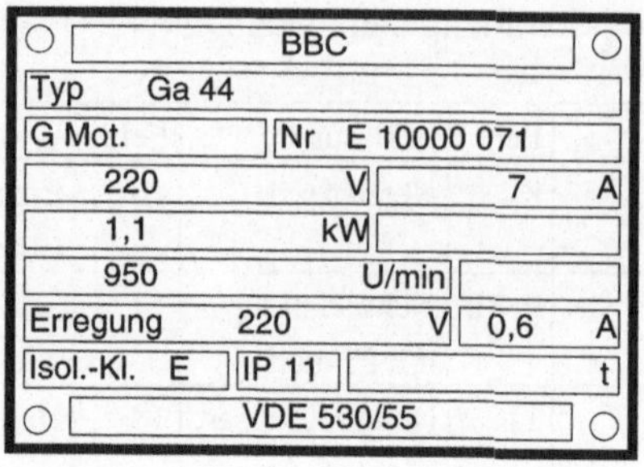

BBC		
Typ Ga 44		
G Mot.	Nr E 10000 071	
220 V	7 A	
1,1 kW		
950 U/min		
Erregung 220 V	0,6 A	
Isol.-Kl. E	IP 11	t
VDE 530/55		

Bild 12.2:
Typenschild einer Gleichstromnebenschlußmaschine

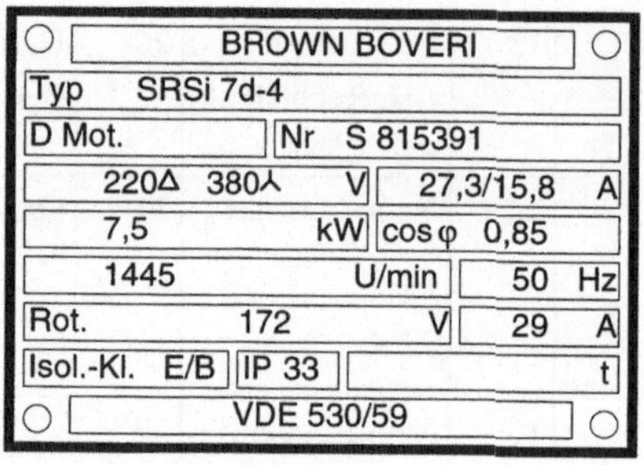

BROWN BOVERI		
Typ SRSi 7d-4		
D Mot.	Nr S 815391	
220Δ 380⅄ V	27,3/15,8 A	
7,5 kW	cos φ 0,85	
1445 U/min	50 Hz	
Rot. 172 V	29 A	
Isol.-Kl. E/B	IP 33	t
VDE 530/59		

Bild 12.3:
Typenschild einer Asynchronmaschine

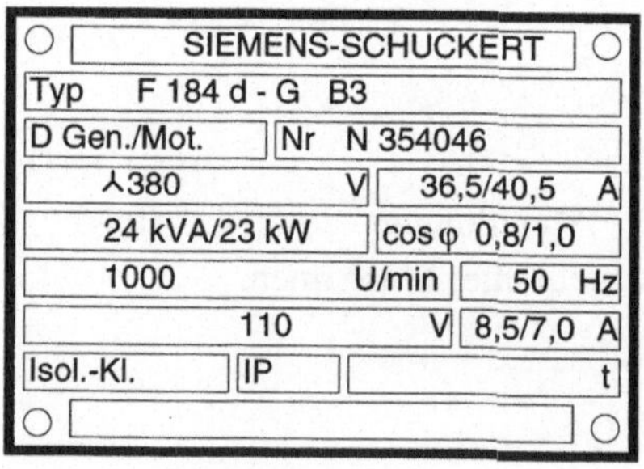

SIEMENS-SCHUCKERT		
Typ F 184 d - G B3		
D Gen./Mot.	Nr N 354046	
⅄380 V	36,5/40,5 A	
24 kVA/23 kW	cos φ 0,8/1,0	
1000 U/min	50 Hz	
110 V	8,5/7,0 A	
Isol.-Kl.	IP	t

Bild 12.4:
Typenschild einer Synchronmaschine

Nennwerte und Toleranzen:

Der Nennbetrieb einer elektrischen Maschine bezieht sich auf die Nennbetriebsart. Hier ist er eindeutig dadurch definiert, daß an den Klemmen die Nennspannung anliegen muß und die Nennleistung laut Leistungsschild abgegeben wird. Diese ist beim Motor die an der Welle verfügbare mechanische Leistung, beim Generator die an den Klemmen abgegebene elektrische Leistung. Die übrigen auf dem Leistungsschild angegebenen Betriebsdaten wie Strom, Drehzahl oder Leistungsfaktor sind Werte, die sich aus dem Nennbetrieb zwangsläufig ergeben und für die nur nach Vereinbarung Gewährleistungen vom Hersteller übernommen werden. In diesem Falle gelten nach VDE 0530 Toleranzen, die in Tabelle 12.2 zusammengestellt sind.

Tabelle 12.2: Toleranzen von Betriebswerten elektrischer Maschinen

Nenngröße	Art der Maschine	zulässige Toleranz				
Drehfrequenz	Gleichstrommotoren	$\frac{P_N[kW]}{n_N[1000\ \text{min}^{-1}]}$	< 0,67	≥ 0,67..2,5	≥ 2,5..10	≥ 10
	Nebenschlußmotor		± 15 %	± 10 %	± 7,5 %	± 5 %
	Reihenschlußmotor		± 20 %	± 15 %	± 10 %	± 7,5 %
	Doppelschlußmotor	wie beim Reihenschlußmotor oder nach Vereinbarung				
	Drehstrom-Kommutatormotor mit Nebenschlußverhalten	-3 % der synchronen Drehzahl bei Höchstdrehzahl +3 % der synchronen Drehzahl bei Mindestdrehzahl				
Drehfrequenzänderung zwischen Leerlauf und Nennlast	Gleichstrommotoren mit Nebenschluß- oder Doppelschlußverhalten	± 20 % der gewährleisteten Drehfrequenzänderung mindestens ± 2 % der Nenndrehzahl				
Schlupf	Induktionsmotoren	± 20 % des Sollschlupfes				
Wirkungsgrad	Elektromotoren allgemein			$P_N \leq 50$ kW		$P_N > 50$ kW
		bei indirekter Messung		- 0,15 (1 - η)		- 0,1 (1 - η)
		bei direkter Messung		- 0,15 (1 - η)		
cosφ	Induktionsmaschinen	$\frac{1-\cos\eta}{6}$		mindestens 0,02; höchstens 0,07		
Anzugsstrom	Käfigläufer Synchronmotoren	+ 20 % des gewährleisteten Anzugsstromes keine Begrenzung nach unten				
Anzugsmoment	Induktionsmotoren	- 15 % und + 25 % des gewährleisteten Anzugsmomentes (> + 25 % bei Vereinbarung)				
Kippmoment	Induktionsmotoren Synchronmotoren	- 10 % des gewährleisteten Wertes bei $M_K \geq 1{,}5\ M_N$ und $I_A < 4{,}5\ I_N$ - 10 % des gewährleisteten Wertes bei $M_K \geq 1{,}35\ M_N$				

13 Motorschutz

Isolierstoffe erreichen nur dann die übliche Lebensdauer, wenn die höchstzulässige Temperatur der jeweiligen Isolierstoffklasse nicht überschritten wird. Bei einem Motor können folgende Ursachen für eine thermische Überlastung vorliegen:

- Erhöhte Verluste durch die Art des Betriebes, z.B. zu hohes Lastdrehmoment im Dauerbetrieb, zu lange relative Einschaltdauer bei Schaltbetrieb, zu lange Anlauf- und (oder) Bremsvorgänge durch zu hohes Trägheitsmoment und zu hohe Schalthäufigkeit;
- Blockieren des Läufers während des Betriebes;
- Anschluß- und Schaltfehler;
- Erhöhte Verluste durch die Eigenschaften des Netzes, z.B. zu große Abweichungen der Spannung oder der Frequenz von den Nennwerten;
- Unterbrechung einer Netzzuleitung (sog. Phasenausfall);
- Beeinträchtigung der Kühlung, z.B. durch zu hohe Kühlmitteltemperatur oder Behinderung des Kühlmittelstromes.

Schmelzsicherungen können einen Motor nicht gegen thermische Überlastung schützen: Beim Anlauf des Motors, bei dem ein Vielfaches des Motornennstromes fließt, darf nämlich die Sicherung nicht abschalten. Sicherungen können deshalb lediglich den Kurzschlußschutz übernehmen. Den Schutz bei Überlast übernehmen stromabhängig verzögerte Überlastauslöser oder Überlastrelais, die entweder nach dem Bimetallprinzip funktionieren oder als elektronische Geräte zur Verfügung stehen.
Bild 13.1 zeigt den Überlastschutz mit einem Bimetall-Überlastrelais. Die Bimetallstreifen B werden von Heizelementen aufgeheizt, die vom Motorstrom durchflossen werden. Bei Überlast verbiegen sich die Bimetallstreifen so stark, daß das Schaltschloß S aufgedrückt wird und der Schalter öffnet.

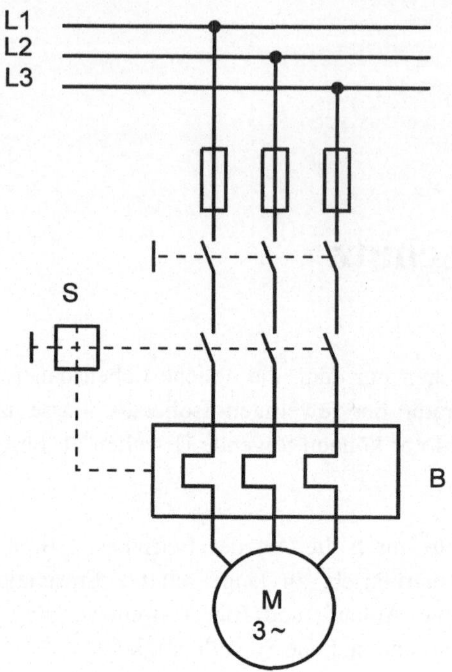

Bild 13.1:
Schutz eines Drehstrommotors mit einem Bimetall- Überstromrelais

Es gibt auch Motorschutzschalter, die zusätzlich zur thermischen Auslösung einen elektromagnetischen Schnellauslöser besitzen. Wenn derartige Schalter vom Hersteller als "eigenfest" bezeichnet werden, dann kann man auf Sicherungen verzichten.

Ein Nachteil der stromabhängig schaltenden Überlastrelais liegt darin, daß eine Beeinträchtigung der Kühlung nicht erfaßt wird. Motoren größerer Leistung werden daher mit einem Übertemperaturschutz versehen: In jedem Strang der Ständerwicklung des Motors ist ein Kaltleiter-Bauelement eingebaut, das auch Thermistor genannt wird. Ein derartiges Bauelement hat unterhalb seiner Nennansprechtemperatur einen relativ niedrigen, oberhalb der Nennansprechtemperatur einen wesentlich höheren Widerstand.

Bild 13.2 zeigt ein Beispiel für den Übertemperaturschutz, der auch als Motorvollschutz bezeichnet wird. Bei nicht zu hoher Temperatur der Motorwicklung und damit niedrigen Thermistorwiderständen $R_1...R_3$ zieht bei

geschlossenem Hauptschalter S0 das Hilfsschütz 11E an und hält seinen Kontakt 13/14 geschlossen. Der Motor kann nun durch kurzzeitiges Drücken des Tasters S1 eingeschaltet werden: Dabei schließt das Hauptschütz K1, und seine Kontakte 13/14 überbrücken den Taster S1 (sog. Selbsthaltung).
Wird ein Wicklungsstrang über die Nennansprechtemperatur des Thermistors hinaus erwärmt, so wird der Thermistor hochohmig: Das Hilfsschütz 11E fällt ab und öffnet seinen Kontakt 13/14. Die Abschaltung des Schützes K1 wird vom Leuchtmelder H1 angezeigt.

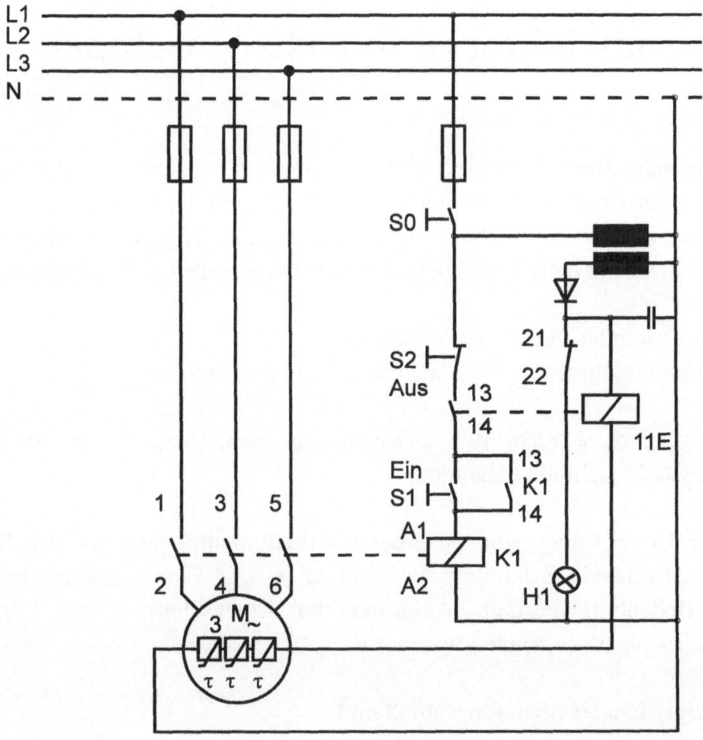

Bild 13.2:
Motorvollschutz

14 Stromrichtergesteuerte Maschinen

Der stationäre Betriebszustand einer elektrischen Maschine wird durch die Drehmoment-Drehzahl-Kennlinie des Antriebes und der Last festgelegt. Soll die Maschine nach Möglichkeit mit ihrem magnetischen Nennfluß betrieben werden, so sind seitens des speisenden Netzes folgende Größen anzupassen:

- Gleichstrommaschinen: Spannung
- Drehfeldmaschinen: Spannung und Frequenz

Im folgenden werden die bekanntesten Schaltungen zur Steuerung elektrischer Maschinen behandelt.

Mit der Entwicklung von steuerbaren Siliziumhalbleitern hat der Stromrichter als ruhende Schaltung zur Spannungs- und Frequenzwandlung eine große Bedeutung erlangt. Aufgrund der Eigenschaften von Siliziumhalbleitern, als da zu nennen wären

- niedriger innerer Spannungsabfall und
- gutes dynamisches Schaltverhalten,

stellt der Halbleiterstromrichter ein geeignetes Leistungsstellglied zur verlustarmen Drehzahlsteuerung von elektrischen Maschinen dar. In der Praxis wird der Halbleiterstromrichter stets in Kombination mit Reglereinrichtungen (Stromregler, Drehzahlregler etc.) ausgestattet. Auf diese und weitere Zusatzeinrichtungen (z.B. Steuer- und Zündelektronik) soll hier nicht eingegangen werden.

14.1 Elektronische Schalter

Halbleiterdiode

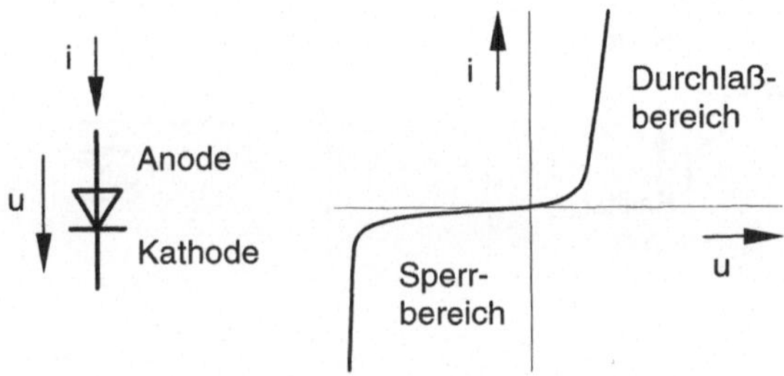

Bild 14.1:
Halbleiterdiode

Die in Bild 14.1 dargestellte Kennlinie der Diode beschreibt folgende Bereiche:

- Durchlaßbereich (die Spannung an der Anode ist positiv gegenüber der Spannung an der Kathode, die Diode ist leitend)
- Sperrbereich (die Spannung an der Anode ist negativ gegenüber der Spannung an der Kathode, die Diode sperrt)

Die Kenngrößen einer Leistungsdiode sind:

- Nennspannung = höchstzulässige periodische Spitzensperrspannung (mehrere kV)
- Dauergrenzstrom = arithmetischer Mittelwert des maximalen Durchlaßstromes (> 1000 A)
- Durchlaßspannung (1 – 1,5 V)

Die Halbleiterdiode ist ein elektronischer Schalter, dessen Schaltzustand nur durch die an den Anschlüssen anliegende Spannung beeinflußt werden kann.

Leistungstransistor

Die in Bild 14.2 dargestellte Kennlinie eines NPN-Transistors beschreibt den vom Basisstrom abhängigen Leitzustand.

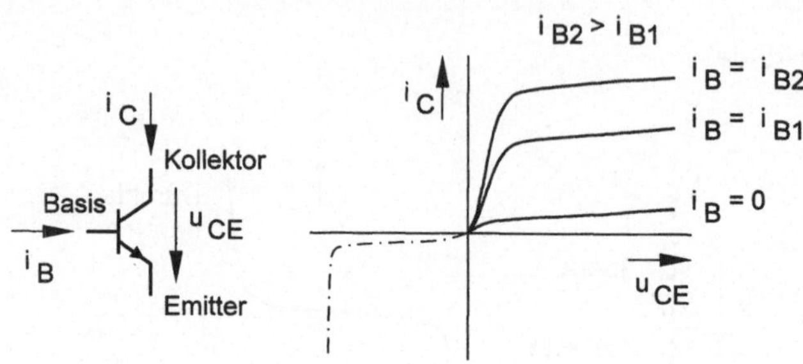

Bild 14.2:
NPN-Siliziumtransistor

Grundsätzlich ist der Transistor ein elektronisches Verstärkerelement, bei dem der Kollektorstrom ein Vielfaches des steuernden Basisstromes beträgt. Da im aktiven Bereich des Transistors große Verluste $P_v = u_{CE} \cdot i_C$ auftreten, wird ausschließlich der Schaltbetrieb verwendet. Bei entsprechendem Basisstrom wird der Transistor innerhalb kurzer Zeit (etwa $1\,\mu s$) vom Sperrzustand in den leitenden Zustand (Sättigungsbereich) überführt. Durch die kurze Zeit im Arbeitsbereich ergeben sich hierbei entsprechend geringe Schaltverluste.

Kenngrößen eines Leistungstransistors sind:

- max. zulässige Kollektor-Emitter-Spannung U_{CE0} $(< 1200\ V)$
- max. zulässiger Kollektorstrom $I_{C\max}$ $(< 500\ A)$
- Kollektor-Emitter-Sättigungsspannung $U_{CE\,sat}$ $(1 - 1{,}5\ V)$

Transistoren dürfen nicht mit negativer Kollektor-Emitter-Spannung beansprucht werden.

IGBT (Insulated Gate Bipolar Transistor)

IGBTs bilden eine Kombination aus einem Feldeffekttransistor (FET) und einem nachfolgenden bipolaren Transistor (Bild 14.3).

Vorteile:

- geringe Ansteuerleistung (FET wird durch Spannung angesteuert)
- niedrige Durchlaßverluste (geringes $U_{CE\,sat}$ des bipolaren Transistors)
- kurze Schaltzeiten (ns).

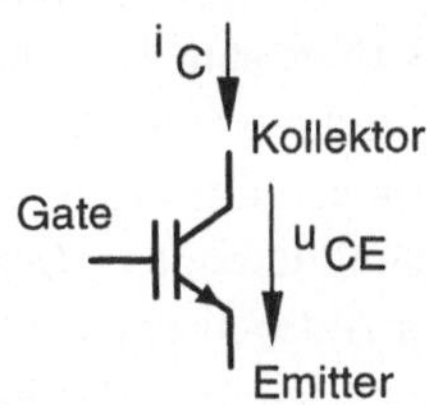

Bild 14.3:
IGBT (Insulated Gate Bipolar Transistor)

Thyristoren

Thyristoren bilden im niederfrequenten Bereich die derzeit leistungsfähigsten elektronischen Schalter. Ohne Ansteuerung der Steuerelektrode (Gate) ist der Thyristor sowohl im Durchlaß- als auch im Sperrbereich nichtleitend (Bild 14.4).
Wird die am Thyristor anliegende Spannung im Durchlaßbereich gesteigert, so wird der Thyristor beim Erreichen der Nullkippspannung innerhalb einiger µs leitend (Überkopfzündung). Dieser Zündmechanismus erfolgt unkontrolliert und ist verbunden mit einer hohen Belastung, die zur Zerstörung des Thyristors führen kann.

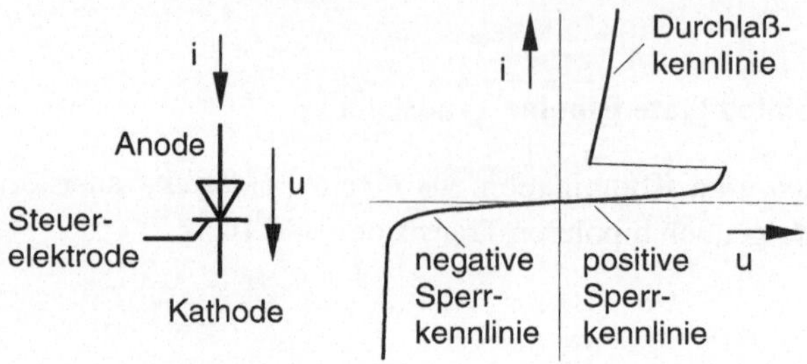

Bild 14.4:
Thyristor

Eine kontrollierte Zündung wird durch Ansteuerung des Gates eingeleitet. Ein kurzer Gatestromimpuls führt zum Einschalten des Thyristors innerhalb einiger µs. Der Einschaltzustand bleibt auch ohne Gatestrom erhalten, bis der Thyristorstrom den sogenannten Haltestrom unterschreitet. Dies erfolgt entweder im natürlichen Stromnulldurchgang (nur bei Wechselstrom möglich) oder aber durch kurzzeitiges Anlegen einer negativen Spannung. Nach dem Verlöschen des Ventilstromes ist der Thyristor sofort in der Lage, eine negative Anodenspannung aufzunehmen. Für positive Anodenspannungen wird die typische Sperrfähigkeit erst nach Ablauf der Schonzeit (einige 10 µs) erreicht.

Charakteristische Merkmale eines Thyristors:

- Einschalten erfolgt durch Gatestromimpuls bei positiver Anodenspannung
- Stromführung in einer Richtung möglich
- Ausschalten durch Gateansteuerung nicht möglich
- Ausschalten erfolgt bei Unterschreitung des Haltestromes.

Kenngrößen eines Thyristors sind:

- zulässige max. Sperrspannung (einige kV)
- zulässiger max. Dauerstrom (> 1 kA)
- Schaltzeit (einige µs).

Triac

Ein Triac besteht aus zwei antiparallel geschalteten Thyristoren mit einer gemeinsamen Steuerelektrode (Bild 14.5).
Die Wirkungsweise entspricht der eines Thyristors mit dem zusätzlichen Vorteil, daß Ströme in beiden Richtungen geführt werden können. Durch diese Eigenschaft ist der Leistungshalbleiter Triac insbesondere für Einphasenwechselstromanwendungen geeignet.

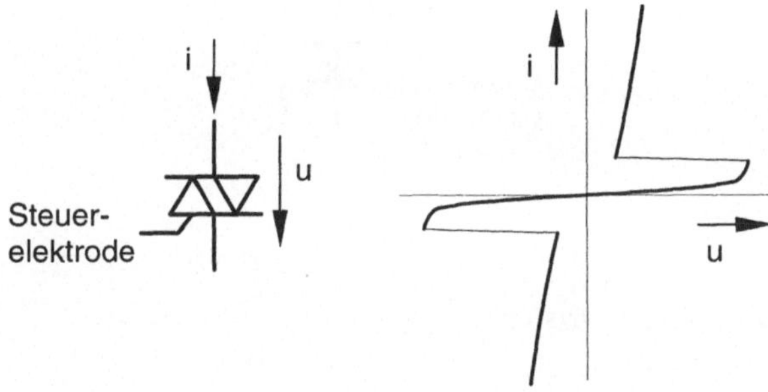

Bild 14.5:
Triac

Charakteristische Merkmale eines Triacs:

- Einschalten erfolgt durch Gatestromimpuls für beide Stromrichtungen
- Stromführung in beiden Richtungen möglich
- Ausschalten durch Gateansteuerung nicht möglich
- Ausschalten erfolgt bei Unterschreitung des Haltestromes

Kenngrößen eines Triacs:

- zulässige max. Sperrspannung (< 1 kV)
- zulässiger max. Dauerstrom (< 100 A)
- Schaltzeit (einige µs)

GTO (Gate Turn-Off Thyristor)

GTOs verhalten sich wie Thyristoren, sind im Gegensatz zu Thyristoren aber ausschaltbare Bauelemente (Bild 14.6). Das Ausschalten erfolgt durch einen negativen, auf die Steuerelektrode wirkenden Impuls.

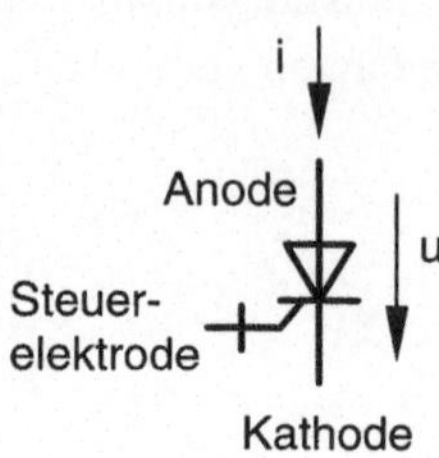

Bild 14.6:
GTO (Gate Turn-Off Thyristor)

Charakteristische Merkmale eines GTOs:

- Einschalten erfolgt durch positiven Gatestromimpuls
- Ausschalten erfolgt durch negativen Gatestromimpuls (oder durch Unterschreiten des Haltestromes)
- Stromführung nur in einer Richtung möglich

Kenngrößen eines GTOs:

- max. zulässige Sperrspannung (< 4,5 kV)
- max. zulässiger Dauergrenzstrom (< 4 kA)
- Schaltzeit (einige µs)

14.2 Stromrichtergrundschaltungen

Die Leistungselektronik ermöglicht die Umwandlung elektrischer Energie einer Stromart in eine andere Stromart mit Hilfe elektronischer Leistungsschaltelemente.

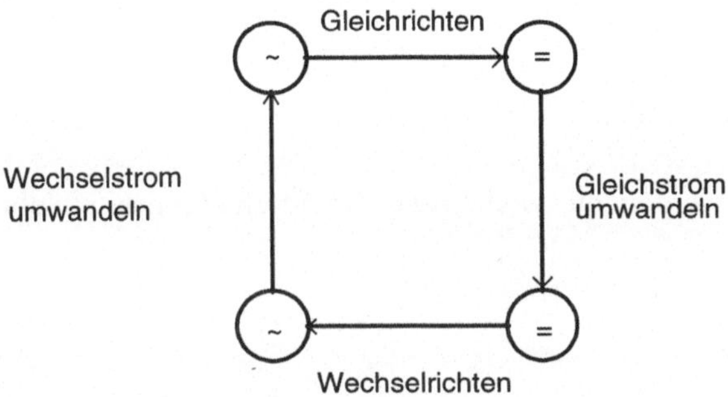

Bild 14.7:
Umwandlungen elektrischer Energie

Ein Stromrichter ist eine Einrichtung, mit der elektrische Größen (Strom, Spannung) unter Verwendung von Leistungshalbleitern geschaltet, umgeformt oder gesteuert werden. Er besteht im allgemeinen aus folgenden Komponenten:

- Stromrichtertransformator (Anpassung von Eingang und Ausgang)
- Leistungshalbleitern (ungesteuerte oder gesteuerte Schalter)
- Glättungseinrichtungen (Kondensatoren, Drosseln)

Die Zusammenfassung unterschiedlicher Stromrichterschaltungen (z.B. Gleichrichter und Wechselrichter) zu einer Einheit führt beispielsweise zu einem Umrichter, bei dem die eingangsseitigen Wechselstromgrößen am Ausgang mit anderer Amplitude und Frequenz zur Verfügung gestellt werden. Die Belastung kann Wirk- und Blindwiderstände sowie Gegenspannungen enthalten (Bild 14.8).

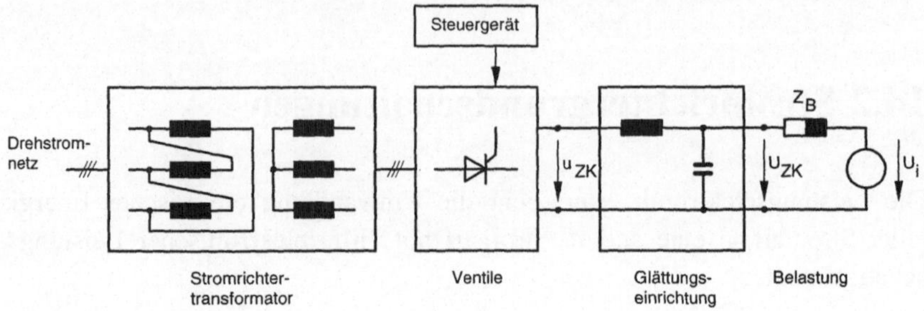

Bild 14.8:
Grundsätzlicher Aufbau eines Stromrichters

Nachfolgend werden die wichtigsten Grundschaltungen im einzelnen behandelt.

14.2.1 Gleichrichterschaltungen

Einpuls-Stromrichter

Die mittlere Gleichspannung und der mittlere Gleichstrom an einer ohmschen Last ergeben sich zu:

$$\overline{U_d} = \frac{1}{2\pi}\int_{\alpha}^{\pi} u_R \,\mathrm{d}(\omega\, t) = \frac{1}{2\pi}\int_{\alpha}^{\pi} \hat{U}_s \sin\omega t \,\mathrm{d}(\omega t) = \frac{\hat{U}_s}{2\pi}(1+\cos\alpha)$$

$$\bar{I}_d = \frac{\overline{U_d}}{R}$$

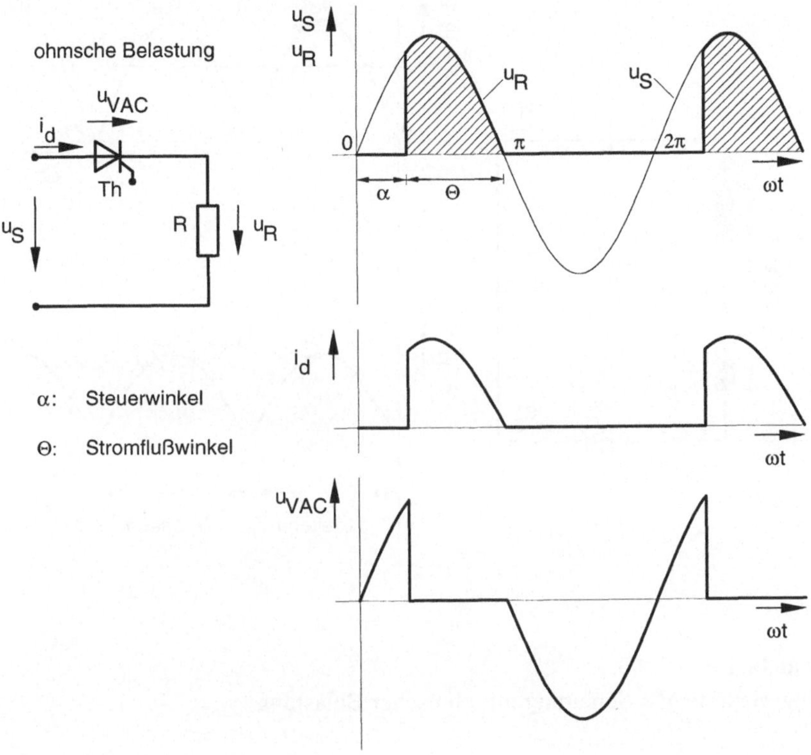

Bild 14.9:
Einpuls-Stromrichter mit ohmscher Belastung

Zweipuls-Stromrichter (Mittelpunktschaltung M2)

Entsprechend dem gegenphasigen Verlauf der beiden Spannungen u_{s1} und u_{s2} leiten wechselweise die beiden Ventile D1 und D2. Aufgrund der ohmschen Last wird am Lastwiderstand eine phasengleiche Spannung mit zwei Maxima je Periode (M2-Schaltung) gebildet. In dem Lastwiderstand R fließt demzufolge ein pulsierender Gleichstrom i_d mit dem Mittelwert I_d.

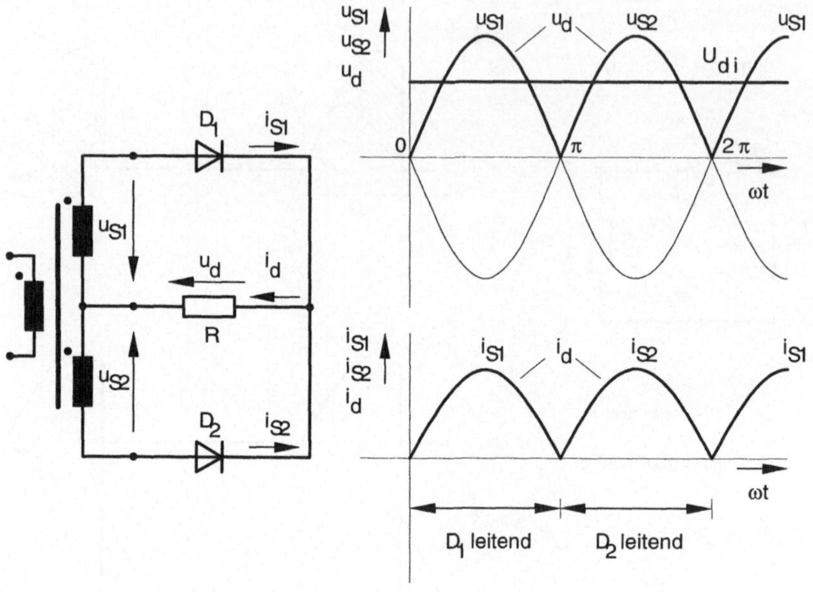

Bild 14.10:
Ungesteuerte M2-Schaltung mit ohmscher Belastung

Index i: → *ideale Gleichspannung*
→ *Innenwiderstand $R_i = 0$*
→ *ideale Diode*

Für den Mittelwert der Ausgangsspannung ergibt sich:

$$U_{di} = \frac{1}{\pi}\int_0^{\pi} \hat{U}_s \sin \omega t \; \mathrm{d}\omega\, t = \frac{\hat{U}_s}{\pi}\left(-\cos \omega t\right)_0^{\pi} = \frac{2\,\hat{U}_s}{\pi}$$

Die maximal auftretende Sperrspannung an den Dioden entspricht dem doppelten Scheitelwert der Phasenspannung u_s.

Mittelpunktschaltung

Die Fähigkeit eines Stromrichters, einen Wechsel- bzw. Drehstrom in einen Gleichstrom umzuformen (Gleichrichter), soll anhand der in Bild 14.11 dargestellten einfachen Grundschaltung, der sogenannten dreipulsigen Mittelpunktschaltung, erläutert werden.
Da als Ventile ungesteuerte Schalter (Dioden) Verwendung finden, handelt es sich um einen ungesteuerten Gleichrichter, dessen Ausgangsgleichspannung proportional der Eingangswechselspannung ist. Die am Ausgang des Gleichrichters anliegende mittlere Gleichspannung u_d führt durch die groß dimensionierte Glättungsinduktivität L_d zu einem Laststrom i_d, bei dem die zeitliche Änderung vernachlässigbar gering ist.

$$\frac{\mathrm{d}}{\mathrm{d}t}(i_d) = \frac{u_d - R_b\ i_d}{L_d} \approx 0$$

Mit guter Näherung fließt somit in dem Lastwiderstand R_b ein konstanter Gleichstrom I_d.

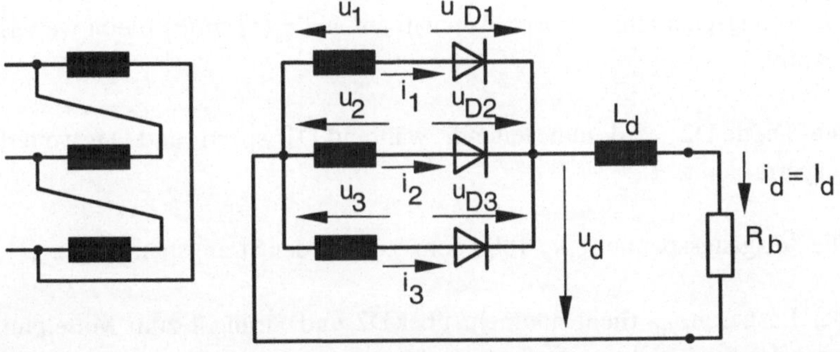

Bild 14.11:
Gleichrichter mit dreipulsiger Mittelpunktschaltung

Zur Darstellung der wesentlichen Zusammenhänge werden zunächst folgende vereinfachende Annahmen getroffen:

- der Transformator sei frei von Verlusten und ohne Streuung
- die Durchlaßspannung der Ventile sei Null

Zum Verständnis der in Bild 14.12 dargestellten Spannungs- und Stromverläufe werden nachfolgend die Zeitpunkte t_1, t_2, und t_3 betrachtet.

$$t_1 \leq t \leq t_2:$$

- Die Strangspannung $u_1(t)$ des Stromrichtertransformators ist "positiver" als die Strangspannungen $u_2(t)$ und $u_3(t)$.

- Die Diode D1 wird in Durchlaßrichtung (leitend), die Dioden D2 und D3 werden jedoch in Sperrichtung (nichtleitend) beansprucht.

- Die Ausgangsspannung $u_d(t)$ folgt dem Verlauf der Spannung $u_1(t)$.

- Der Laststrom i_d fließt über den Zweig 1 des Stromrichtertransformators, die Diode D1, die Glättungsinduktivität L_d, den Lastwiderstand R_b und den Mittelpunktleiter des Stromrichtertransformators.

$$t_2 \leq t \leq t_3:$$

- Die Strangspannung $u_2(t)$ wird "positiver" als $u_1(t)$; $u_3(t)$ bleibt weiterhin negativ.

- Die Diode D2 wird nun leitend, während D1 sperrt und D3 weiterhin gesperrt bleibt.

- Die Ausgangsspannung u_d folgt dem Verlauf der Strangspannung $u_2(t)$.

- Der Laststrom i_d fließt nunmehr über D2 und Strang 2 zum Mittelpunktleiter des Stromrichtertransformators.

Die in den Dioden auftretenden rechteckigen Stromblöcke mit der Amplitude i_d sind durch die groß dimensionierte Glättungsinduktivität L_d bedingt. Insgesamt verteilt sich der Laststrom i_d gleichmäßig auf die drei Ventilzweige und fließt jeweils über den Zweig mit der höchsten Quellspannung $u(t)$. Die pulsierende Gleichspannung u_d verläuft auf den Kuppen der Strangspannungen.

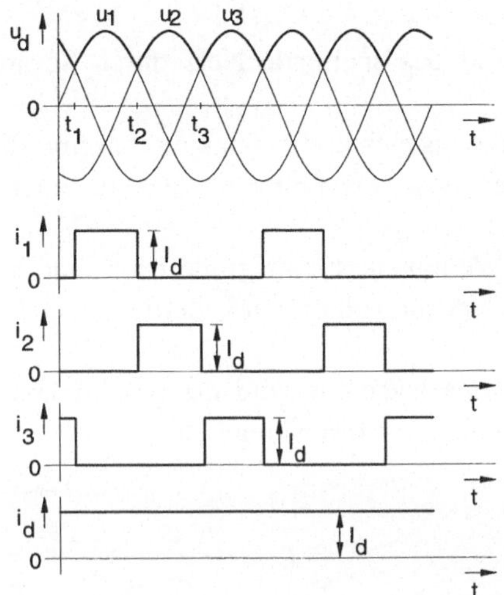

Bild 14.12:
Spannungs- und Stromverläufe zur dreipulsigen Mittelpunktschaltung (Kommutierung vernachlässigt)

Glättung der Gleichspannung

Die Welligkeit der Gleichspannung läßt sich durch einen parallel zum Lastwiderstand angeordneten Kondensator reduzieren (Bild 14.13). Der Kondensator wird durch hohe Stromimpulse im Bereich des Maximums einer jeden Halbwelle nachgeladen. Die Kondensatorladung fließt in dem jeweils nachfolgenden Zeitintervall über den Lastwiderstand ab; beide Dioden sind während dieser Zeit nichtleitend.

Vorteil:
- niedrige Welligkeit der Gleichspannung

Nachteile:

- Rückwirkungen auf das speisende Netz durch Stromimpulse mit hoher Amplitude
- hoher Oberschwingungsgehalt der Wicklungsströme führt zu einer zusätzlichen Erwärmung des Transformators und zu einer größeren erforderlichen Bauleistung
- für eine geringe Welligkeit ist eine große Kapazität des Kondensators mit entsprechend großem Bauvolumen erforderlich

Wegen der angeführten Nachteile wird die beschriebene Gleichspannungsglättung nur für geringe Leistungen eingesetzt.

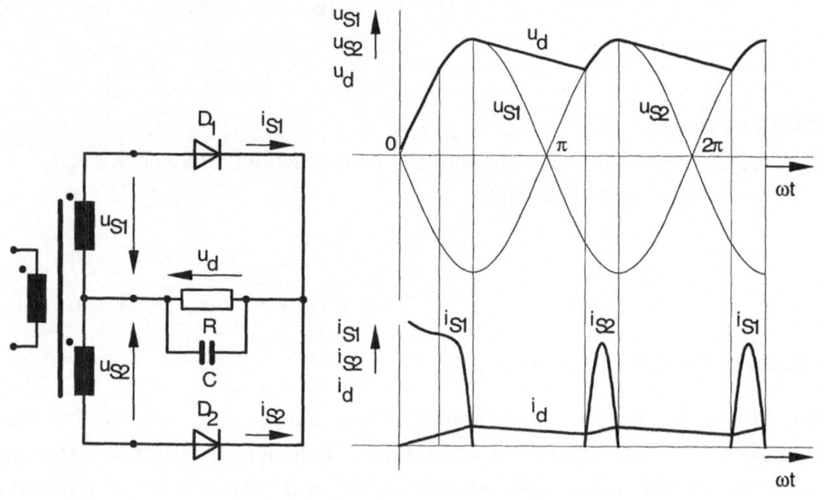

Bild 14.13:
Ungesteuerte M2-Schaltung mit Spannungsglättung

Glättung des Gleichstromes

Eine Verringerung der Welligkeit des in dem Lastwiderstand R fließenden Gleichstromes I_d läßt sich auch durch Einfügen einer Glättungsinduktivität L_d in den Laststromkreis erzielen (Bild 14.14).

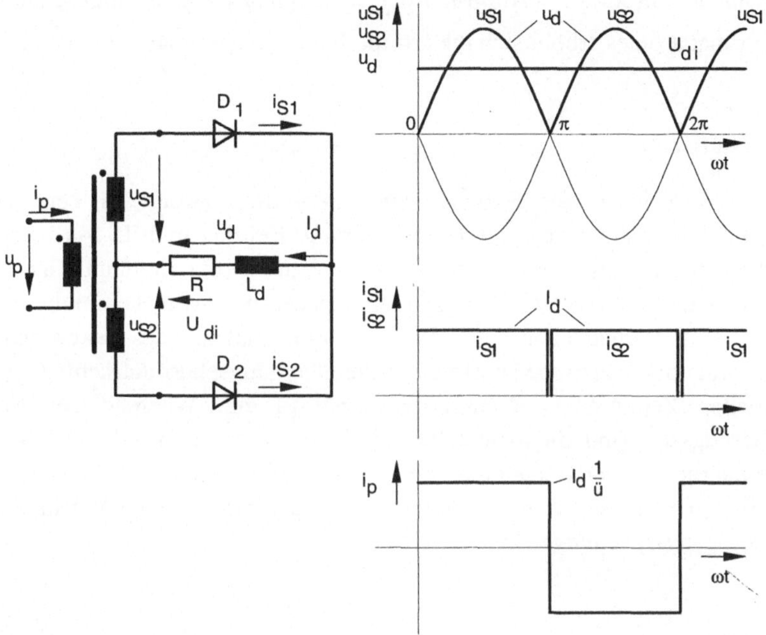

Bild 14.14:
Ungesteuerte M2-Schaltung mit Stromglättung

Der in Bild 14.14 dargestellte "ideal geglättete" Verlauf des Stromes I_d ergibt sich bei sehr großer Induktivität L_d.
Der Verlauf der an dem Lastkreis (Reihenschaltung von R und L_d) gebildete Gleichspannung u_d entspricht dem Verlauf in Bild 14.10.

$$\text{Mittelwert von } u_d: \quad U_{di} = \frac{2\hat{U}_s}{\pi}$$

$$\text{Gleichstrom:} \quad I_d = \frac{U_{di}}{R}$$

Da der Strom I_d wechselweise über die Ventile D1 und D2 fließt ergibt sich auf der Primärseite des Transformators der dargestellte rechteckförmige

Verlauf des Stromes i_p. Aufgrund der enthaltenen Oberschwingungsanteile des Primärstromes erhöht sich die erforderliche Transformatorbauleistung.

Kommutierung

Das Überwechseln des Stromes von einem Stromzweig auf den nachfolgenden bezeichnet man als Kommutierung. Bei den in Bild 14.12 dargestellten Spannungs- und Stromverläufen wurde die Kommutierungszeit $t_k = 0$ angenommen. Bei Berücksichtigung der in einem Kommutierungskreis stets vorhandenen Impedanzen (Streureaktanz des Stromrichtertransformators, Netzimpedanz) nimmt die Übergangsphase tatsächlich einen endlichen Zeitraum (= Kommutierungszeit t_k) ein. Während der Kommutierungszeit sind die beiden an der Kommutierung beteiligten Ventile leitend, die Ausgangsspannung nimmt den arithmetischen Mittelwert der beteiligten Strangspannungen ein und führt insgesamt zu einer Verringerung der Ausgangsspannung.

Pulszahl

Mit Pulszahl wird die Zahl der nicht gleichzeitigen Kommutierungen innerhalb einer Periode bezeichnet (im Beispiel: Pulszahl = 3).
Bei dem dargestellten Beispiel handelt es sich um einen *netzgeführten Gleichrichter* mit *natürlicher Kommutierung.*
Anstelle der netzseitigen Wechselspannung können auch die Wechselspannungen einer Last (z.B. Synchronmaschine) für die Kommutierung genutzt werden.
Bei der dargestellten Mittelpunktschaltung führen die Wicklungsstränge des Stromrichtertransformators den Strom nur in einer Richtung (Einwegschaltung). Dieser Nachteil wird durch die nachfolgend beschriebene Brückenschaltung vermieden.

14.2.1.1 Vollgesteuerte Einphasen-Brückenschaltung

Die Drehzahl von Gleichstrommaschinen läßt sich vorteilhaft durch Verstellen der Ankerspannung steuern. Bei netzgeführten Stromrichtern wird diese Spannung einem Wechsel- bzw. Drehstromnetz mit konstanter Spannung entnommen. Die nachfolgend beschriebene zweipulsige

Einphasen-Brückenschaltung zeigt eine vollgesteuerte Brücke, da alle Brückenzweige mit Thyristoren besetzt sind (Bild 14.15). Jeweils zwei diagonal angeordnete Thyristoren werden paarweise gezündet, die zuvor stromführenden anderen Diagonal-Thyristoren verlöschen hierbei. Die Bereitstellung der Zündimpulse erfolgt durch das mit der Netzfrequenz synchronisierte Steuerteil.

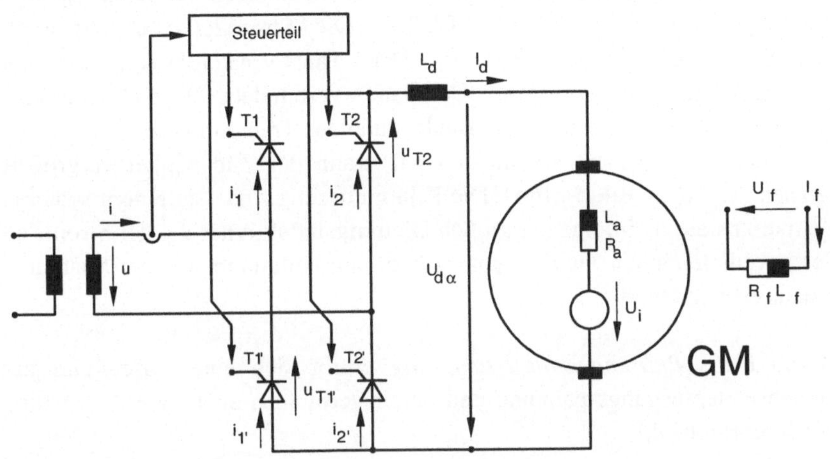

Bild 14.15:
Vollgesteuerte Einphasen Brückenschaltung

Gleichrichterbetrieb

Bild 14.16a zeigt den Verlauf der Spannungen und Ströme bei einem Zündwinkel von $\alpha = 0$ (Kommutierungszeit vernachlässigt). Für $\alpha = 0$ entspricht das Schaltverhalten von Thyristoren dem von Dioden, d.h., die in Bild 14.15 dargestellte Schaltung verhält sich wie eine ungesteuerte einphasige Gleichrichterbrücke.
Die Glättungsinduktivität L_d führt zu der an der Gleichstrommaschine anliegenden idealen Gleichspannung $U_{di\alpha}$, bei der die stromrichterseitigen Spannungsabfälle vernachlässigt sind.

$$U_{di(\alpha=0)} = \frac{1}{\pi} \cdot \int_0^{\pi} \sqrt{2} \cdot U \cdot \sin(\omega t)\ \mathrm{d}(\omega t) = \frac{2}{\pi} \cdot \sqrt{2} \cdot U$$

$U_{di(\alpha=0)}$: ideale Gleichspannung für $\alpha = 0°$

Der Ankerstrom I_d fließt in Form zeitlicher Stromblöcke gleichzeitig über die Thyristorpaare T1, T2' bzw. T2, T1'. Die Stromflußdauer entspricht hierbei einem Winkel von 180°. Der Tansformatorenstrom ist ein rechteckförmiger Wechselstrom. Der damit verbundene Oberschwingungsgehalt vergrößert die notwendige Bauleistung des Transformators.
Ausgehend von diesem Zustand ($\alpha = 0$) kann der Zündwinkel vergrößert werden ($\alpha > 0$ in Bild 14.16b). Die Kommutierung findet zu einem späteren Zeitpunkt statt, da infolge der großen Glättungsinduktivität L_d der Stromfluß des jeweils leitenden Thyristorpaares über den Nulldurchgang der Spannung hinaus erhalten bleibt.

Durch diese *Phasenanschnittssteuerung* ergibt sich eine Absenkung der Gleichrichterausgangsspannung und damit verbunden auch eine Absenkung der Motordrehzahl.

Gleichstromnebenschlußmaschine: $U_i = M_d' \cdot I_f \cdot \Omega$

Bei einem Zündwinkel von $\alpha = 90°$ ergibt sich die Ausgangsspannung zu

$$U_{di(\alpha=90°)} = 0.$$

$$U_{di\alpha} = \frac{1}{\pi} \int_{\alpha}^{\alpha+\pi} \sqrt{2}\ U \sin(\omega\, t)\ \mathrm{d}(\omega\, t) = \frac{2}{\pi} \sqrt{2}\ U \cos\alpha$$

$$= U_{di} \cos\alpha$$

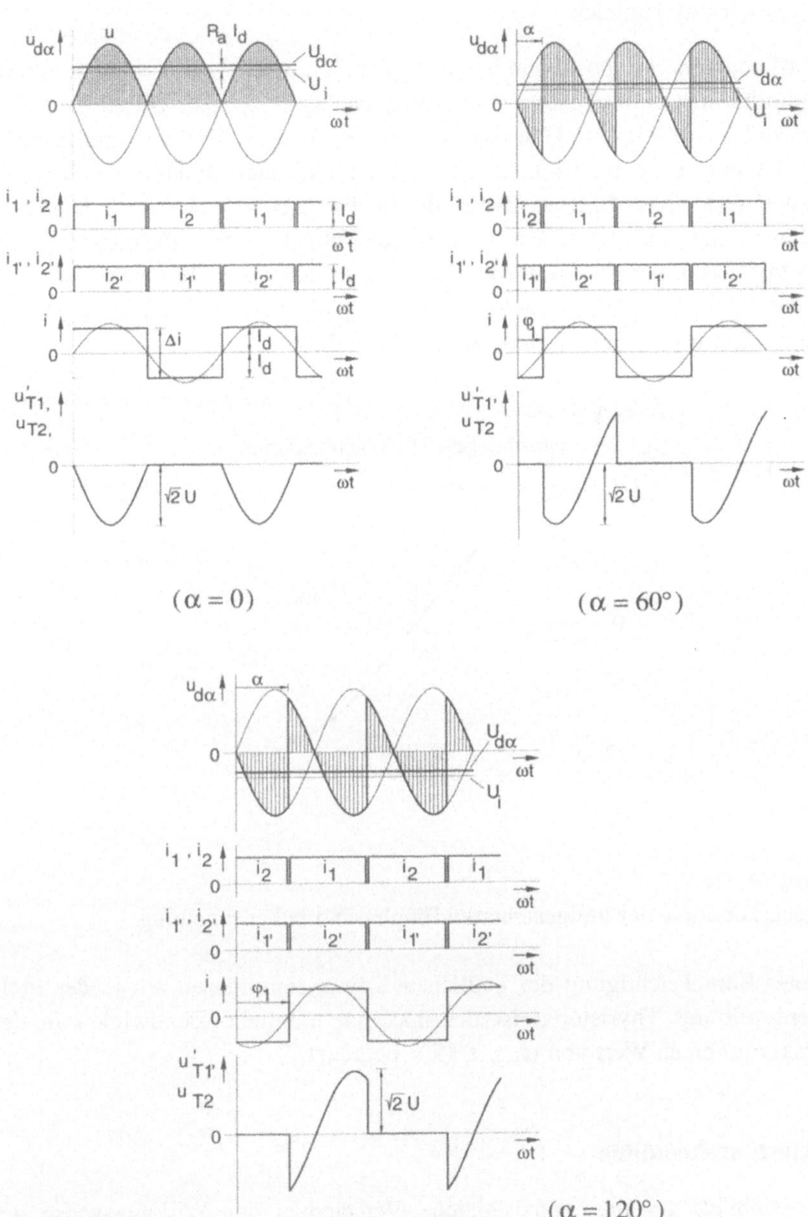

(α = 0)

(α = 60°)

(α = 120°)

Bilder 14.16a-c:
Vollgesteuerte Einphasenbrückenschaltung

Wechselrichterbetrieb

Wird bei weiterhin positivem Strom I_d der Zündwinkel zu $\alpha > 90°$ gewählt, so ergibt sich eine negative Ausgangsspannung $U_{di(\alpha > 90°)}$. Dieser Betriebszustand entspricht dem Generatorbetrieb, bei dem die Gleichstrommaschine (verbunden mit einer Umkehr der Drehrichtung oder Umkehr des Erregerfeldes) elektrische Energie abgibt, die im *Wechselrichterbetrieb* des Stromrichters an das speisende Wechselspannungsnetz abgegeben wird (Bild 14.16c). Im Generatorbetrieb ist die induzierte Motorspannung U_i größer als die mittlere Gleichspannung $U_{d\alpha}$ des Stromrichters. Der Gleichstrom I_d wird über den Zündwinkel α beeinflußt.

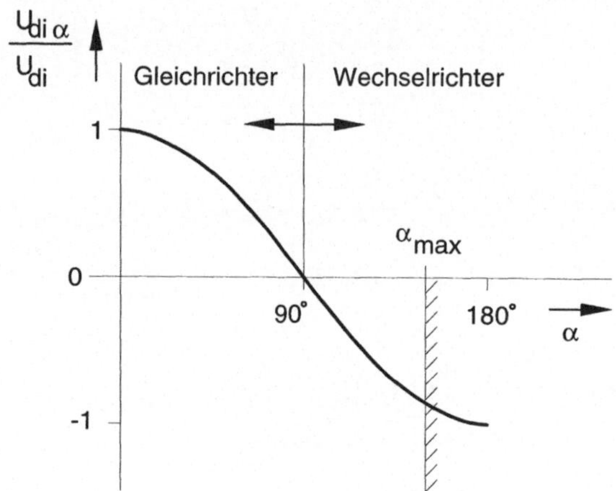

Bild 14.17:
Steuerkennlinie der vollgesteuerten Einphasenbrückenschaltung

Unter Berücksichtigung der endlichen Kommutierungszeit sowie der Freiwerdezeit der Thyristoren ist der maximal mögliche Zündwinkel in der Praxis auf einen Wert von $\alpha_{max} \leq 150°$ begrenzt.

Belastungskennlinie

In Hinblick auf das grundsätzliche Verständnis der Wirkungsweise der Schaltung wurden folgende Spannungsminderungen vernachlässigt:

- Kommutierung: $U_k = 4\,f\,L_k\,I_d$
- Wicklungs- und Zuleitungswiderstände: $U_R = R_k\,I_d$
- Ventilschleusenspannungen: $U_F \approx (1 - 2\text{ V})$

Die Spannungsminderung U_k infolge der Kommutierung (induktive Gleichspannungsänderung) ergibt sich mit zwei Kommutierungsvorgängen je Periode zu (Bild 14.18):

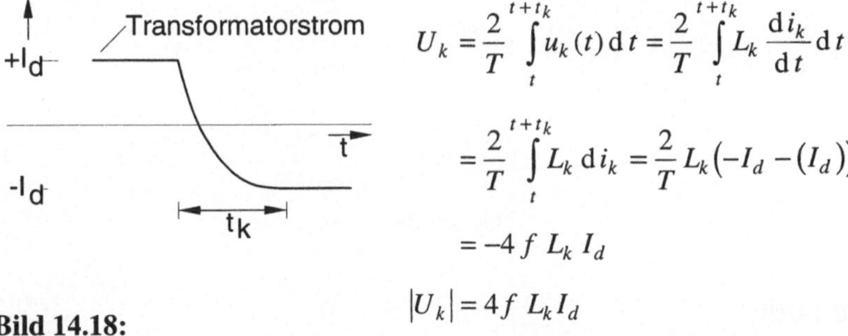

$$U_k = \frac{2}{T}\int_t^{t+t_k} u_k(t)\,\mathrm{d}t = \frac{2}{T}\int_t^{t+t_k} L_k\,\frac{\mathrm{d}i_k}{\mathrm{d}t}\,\mathrm{d}t$$

$$= \frac{2}{T}\int_t^{t+t_k} L_k\,\mathrm{d}i_k = \frac{2}{T}\,L_k\big(-I_d - (I_d)\big)$$

$$= -4\,f\,L_k\,I_d$$

$$|U_k| = 4f\,L_k I_d$$

Bild 14.18:
Kommutierung

Die reale Ausgangsspannung ergibt sich unter Berücksichtigung der auftretenden Spannungsminderungen zu

$$U_{d\alpha} = U_{di\alpha} - 2U_F - R_k I_d - 4\,f\,L_k I_d$$
$$= U_{di\alpha} - 2U_F - (R_k + 4\,f\,L_k)\,I_d$$

Ausgehend von dem idealen Leerlaufwert $U_{di\alpha}$ vermindert sich die Ausgangsspannung um den konstanten Wert der Gleichrichterschleusenspannung ($2 \cdot U_F \approx 3\text{ V}$) sowie um einen vom Strom I_d und damit vom Moment der Gleichstrommaschine abhängigen Anteil (Bild 14.19). Bei sehr geringem Strom I_d reicht die in der Glättungsinduktivität L_d gespeicherte Energie ($E = 1/2 \cdot L_d \cdot I_d^2$) nicht aus, um einen kontinuierlichen Stromfluß I_d zu erzwingen. Der Strom nimmt zeitweise den Wert $I_d = 0$ an, d.h. *der Stromrichter lückt.*

Da die Stromrichtung von I_d durch das Schaltungskonzept festgelegt ist, kann ohne Vorzeichenwechsel des Erregerstromes auch keine Momentenumkehr realisiert werden. Ein generatorisches Bremsen ist somit unter Beibehaltung der Motordrehrichtung nicht direkt möglich.

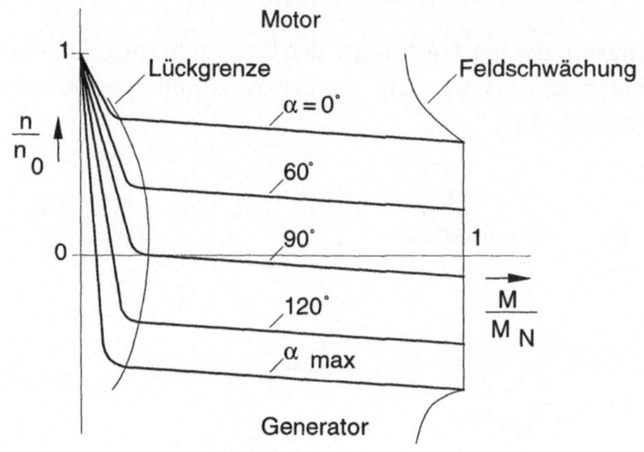

Bild 14.19:
Drehzahl-Drehmoment-Kennlinie Stromrichterantrieb (Einphasenbrückenschaltung, GS-Nebenschlußmaschine)

Blindleistung

Alle netzgeführten Stromrichter haben neben der Wirkleistung auch eine netzseitige Blindleistung zur Folge. Die Phasenverschiebung zwischen den Grundschwingungen von Spannung und Strom im speisenden Netz hat zwei Ursachen:

- Kommutierungsblindleistung (Überlappung der Ventilströme während der Kommutierungszeit)
- Steuerblindleistung (Phasenverschiebung der rechteckförmigen Stromblöcke gegenüber der sinusförmigen Netzspannung)

Bei gegenüber der Kommutierungsblindleistung großer Steuerblindleistung gilt für den Leistungsfaktor näherungsweise:

$$\cos\varphi = \cos\alpha$$

Unter Berücksichtigung des Formfaktors gelten für die Ströme, Spannungen und Leistungen folgende Beziehungen:

Grundschwingung des Stromes: $$I_1 = \frac{2\sqrt{2}}{\pi} I_d$$

Ausgangsgleichspannung: $$U_{di} = \frac{2\sqrt{2}}{\pi} U_1$$

Grundschwingungsscheinleistung: $$S = U_1 I_1 = U_{di} I_d$$

Grundschwingungswirkleistung: $$P = U_1 I_1 \cos\varphi = U_{di} I_d \cos\alpha = U_{di\alpha} I_d$$

Grundschwingungsblindleistung: $$Q = U_1 I_1 \sin\varphi = U_{di} I_d \sin\alpha$$

Die im gesamten Aussteuerbereich $0 < \alpha < \alpha_{max}$ benötigte Blindleistung nimmt für $\alpha = 90°$ ihren Maximalwert an. Dieser Nachteil, der zu einer zusätzlichen Belastung von Stromrichtertransformator und Netz durch die Steuerblindleistung führt, kann durch andere Stromrichterschaltungen (z.B. halbgesteuerte Brückenschaltung) vermieden werden.

14.2.1.2 Vollgesteuerte Drehstrombrückenschaltung

Die sechspulsige Drehstrombrückenschaltung entsprechend Bild 14.20 ist die gebräuchlichste Schaltung für netzgeführte Stromrichter. Zum leichteren Verständnis kann diese Schaltung als Reihenschaltung zweier Teilstromrichter (I und II) aufgefaßt werden. Die dem Gleichstrommotor zugeführte Gleichspannung $U_{d\alpha}$ ergibt sich aus der Summe der beiden auf den Sternpunkt des Stromrichtertransformators bezogenen Teilspannungen $U_{d\alpha\,\mathrm{I}}$ und $U_{d\alpha\,\mathrm{II}}$. Der Mittelwert der idealen Leerlaufgleichspannung ergibt sich zu

$$U_{di} = 2 \cdot \frac{1}{2\pi/3} \int_{-\frac{\pi}{3}}^{+\frac{\pi}{3}} \sqrt{2}\,\frac{U}{\sqrt{3}} \cos(\omega t)\, \mathrm{d}(\omega t) \quad = 3\frac{\sqrt{2}}{\pi} U$$

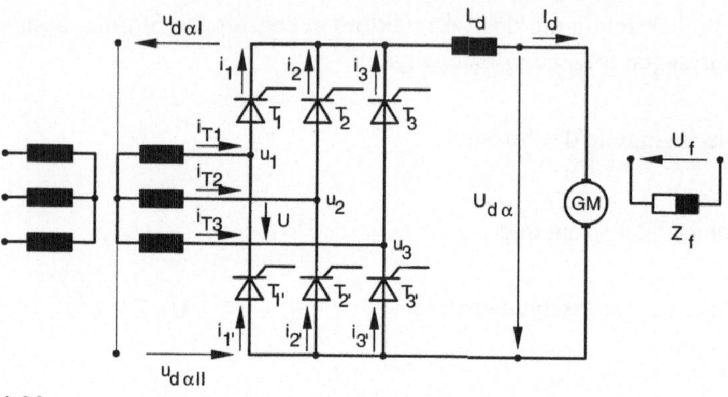

Bild 14.20:
Vollgesteuerte Drehstrom-Brückenschaltung

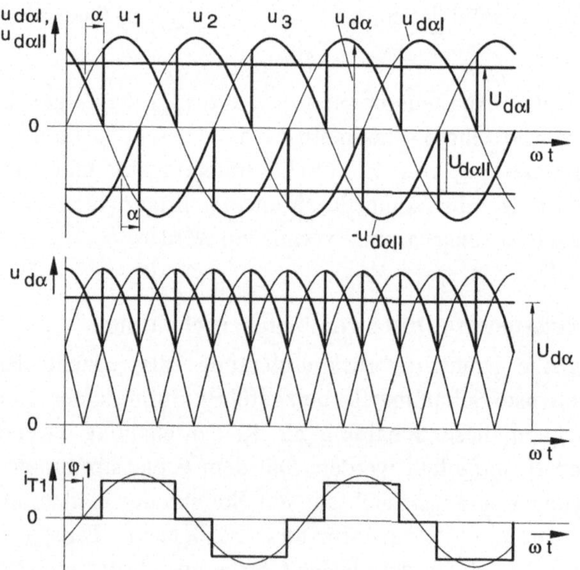

Bild 14.21:
Vollgesteuerte Drehstrom-Brückenschaltung, Zeitfunktionen

Die Steuerkennlinie zeigt ebenso wie die Einphasen-Brückenschaltung eine Abhängigkeit von $\cos\alpha$.
Die Gleichspannung $U_{d\alpha}$ enthält Oberschwingungen, welche mit der sechsfachen Netzfrequenz und Vielfachen davon auftreten. Ohne Lückbetrieb beträgt die Stromflußdauer in allen Ventilen 120°.
In der chemischen und in der papierverarbeitenden Industrie nimmt dieser drehzahlveränderliche Zweiquadrantenstromrichterantrieb eine dominierende Stellung ein.

14.2.2 Wechselrichterschaltungen

Selbstgeführte Wechselrichter erfüllen die Aufgabe, aus einer Gleichspannung eine Wechselspannung mit frei einstellbarer Frequenz zu formen. Durch geeignete Wahl der Steuerimpulse ist es auch möglich, die Amplitude der Wechselspannung zu beeinflussen. Wird eine Wechselrichterschaltung dreiphasig ausgeführt, ist es auch möglich, Drehstromverbraucher zu speisen.

Entsprechend der Schaltungskonzeption werden folgende Unterscheidungen getroffen:

Spannungswechselrichter (U-Wechselrichter):
Die Schaltung wird mit einer eingeprägten Gleichspannung gespeist (z.B. aus einer Batterie).

Stromwechselrichter (I-Wechselrichter):
Die Schaltung wird mit einem eingeprägten Strom gespeist (z.B. aus einer großen Strom-Glättungsinduktivität).

Kennzeichnend für selbstgeführte Wechselrichter sind folgende Merkmale:

- zur Sperrung der Ventile wird keine äußere Wechselspannung benötigt.
- das Ein- und Ausschalten der Ventile erfolgt durch direkte Einwirkung auf die Ventile (Steueranschluß bei Transistoren, Löschschaltung bei Thyristoren).

14.2.2.1 Maschinengeführter Wechselrichter

Bei einem maschinengeführten Wechselrichter besteht die Last aus einer Synchronmaschine.

Im Gegensatz zu einer Asynchronmaschine kann die Synchronmaschine netzunabhängig als Generator arbeiten. Dies bedeutet, daß die von der SM erzeugte Generatorspannung die Löschung der Ventile in gleicher Weise durchführen kann, wie dies bei netzgeführten Stromrichtern durch die Netzspannung erfolgt. Zur Bereitstellung der erforderlichen Kommutierungs- und Steuerblindleistung muß die SM übererregt betrieben werden.

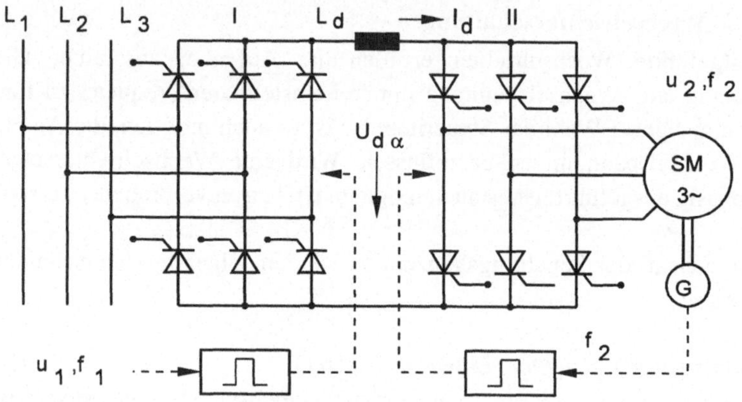

Bild 14.22:
Stromrichtermotor

In Bild 14.22 ist die Schaltung eines Stromrichtermotors dargestellt. Sie besteht aus dem netzseitigen Stromrichter I, dem Gleichstromzwischenkreis mit der Glättungsdrossel L_d, aus dem maschinengeführten Stromrichter II sowie der lastseitigen Synchronmaschine SM.

L_d hat die Aufgabe, den vom netzseitigen Stromrichter gelieferten Gleichstrom zu glätten und beide Stromrichterschaltungen voneinander zu entkoppeln. Durch den eingeprägten Zwischenkreisstrom fließen in der SM gleichfalls rechteckförmige Stromblöcke. Die Klemmenspannung der SM zeigt jedoch einen sinusförmigen Verlauf, da sie maßgeblich durch die induzierte Polradspannung bestimmt ist. Die Ansteuerung des maschinenseitigen Stromrichters erfolgt synchron zur Drehzahl der SM und wird aus den Impulsen eines mit der Welle der SM verbundenen Winkelgebers

abgeleitet. Bei höheren Drehzahlen können die Steuerimpulse auch von der (Polrad-) Spannung der Synchronmaschine abgeleitet werden.
Durch die feste Zuordnung des Ständerstrombelages zum Erregerfeld entspricht das Betriebsverhalten des Stromrichtermotors dem eines fremderregten Gleichstrommotors.

14.2.2.2 Zwangskommutierter Wechselrichter

Die Beeinflussung des Betriebsverhaltens einer ASM erfolgt am zweckmäßigsten durch Variation der dreiphasigen Speisespannung in ihrer Amplitude und der Frequenz. In Bild 14.23a ist die entsprechende Schaltung eines zwangskommutierten Wechselrichters dargestellt.
Ausgehend von einem Gleichspannungszwischenkreis konstanter Gleichspannung, (z.B. Batterie, gesteuerter Gleichrichter oder Umkehrstromrichter mit Glättungskondensator) wird eine Stromrichterschaltung gespeist, die aus den löschbaren Schaltern $S_1 - S_6$ und den Freilaufdioden $D_1 - D_6$ besteht. Zum leichteren Verständnis wird der Bezugspunkt U_0 eingeführt, der identisch ist dem Mittelabgriff einer aus zwei Hälften $U_d/2$ bestehenden Gleichspannung U_d.

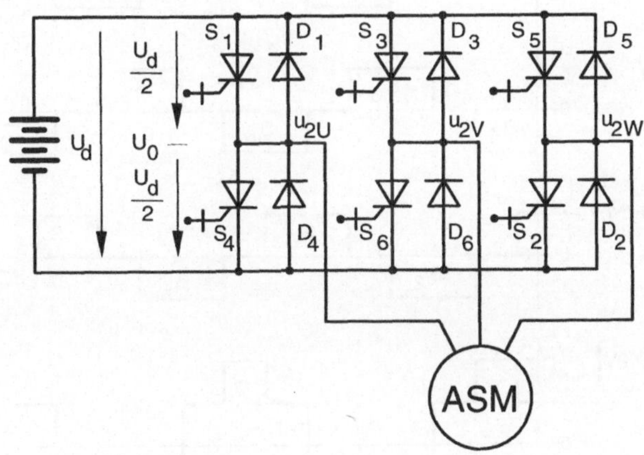

Bild 14.23a:
Zwangskommutierter Wechselrichter

Für die drei ausgangsseitigen Strangspannungen $U_2(t)$ gibt es unter der Voraussetzung ohmscher Last folgende Zustände:

- obere Schalter (S_1, S_3, S_5) geschlossen $U_2(t) = +U_d/2$
- alle Schalter (S_1 - S_6) geöffnet $U_2(t) = 0$
- untere Schalter (S_2, S_4, S_6) geschlossen $U_2(t) = -U_d/2$

Durch entsprechende Ansteuerung ergibt sich für jede Strangspannung $U_{2u}(t), U_{2v}(t), U_{2w}(t)$ eine Wechselspannung. Ihr Effektivwert kann durch die jeweilige Einschaltdauer, ihre Frequenz durch die Pulsfolge der Ansteuerung eingestellt werden.

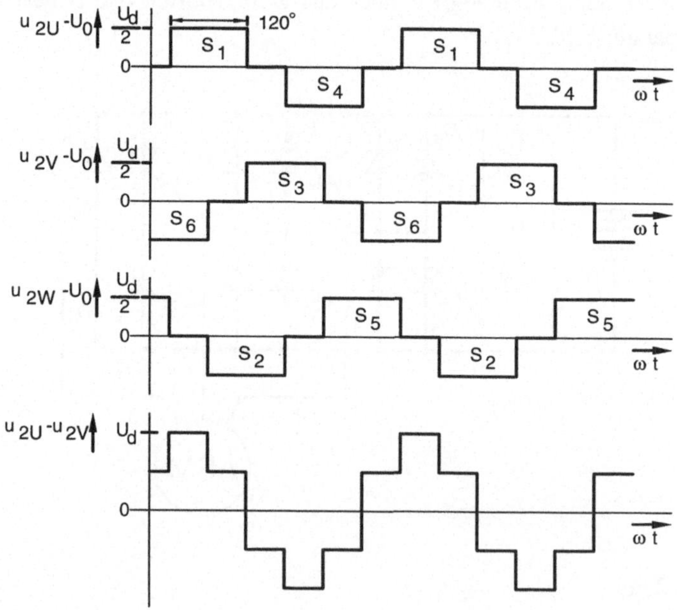

Bild 14.23b:
Zwangskommutierter Wechselrichter, Ausgangsspannungen

Werden die den einzelnen Strängen zugeordneten Schalter

- S_1, D_1 und S_4, D_4 für Strang U
- S_3, D_3 und S_6, D_6 für Strang V
- S_5, D_5 und S_2, D_2 für Strang W

mit jeweils identischen Pulsmustern um 120° phasenversetzt angesteuert, so ergeben sich die für ein Dreiphasensystem charakteristischen Phasenverschiebungen der einzelnen Strangspannungen relativ zueinander (Bild 14.23b). Die Differenz zweier Strangspannungen liefert die verkettete Ausgangsspannung (z.B. $U_{2u} - U_{2v}$ in Bild 14.23b).
Während bei ohmscher Last nur die elektronischen Schalter S Strom führen, sind bei induktiver Last auch die Freilaufdioden D an der Stromführung beteiligt und beeinflussen den Verlauf der Ausgangsspannungen.
Bei entsprechender Wahl der Pulsmuster kann die ASM in allen vier Quadranten betrieben werden. Um den magnetischen Fluß in der ASM konstant zu halten, müssen Amplitude und Frequenz einander angepaßt werden. Hierzu bestehen zwei Möglichkeiten.

Zündeinsatzsteuerung

Verringerung der Grundschwingungsamplitude durch Verkürzung der Spannungsblöcke gemäß Bild 14.23b. Nachteilig bei diesem Verfahren ist eine Zunahme des Oberschwingungsgehaltes.

Unterschwingungsverfahren

Verringerung der Grundschwingungsamplitude durch sinusförmige Modulation der Einschaltimpulse T_e innerhalb der Einschaltphase gemäß Bild 14.24
Vorteilhaft bei diesem Verfahren ist, daß Oberschwingungen nur entsprechend der gewählten Zwischentaktpulsfrequenz auftreten (1 kHz bei Thyristoren, 10 kHz bei Transistoren). Als Folge dieses Verfahrens ist der Oberschwingungsgehalt des Motorstromes gering, so daß der Antrieb auch bei niedrigen Drehzahlen geringe Drehmomentschwankungen aufweist und sehr ruhig läuft.
Der Antrieb moderner Bahnen basiert auf einem Antriebssystem bestehend aus einem zwangskommutiertem Wechselrichter und einer Asynchronmaschine.

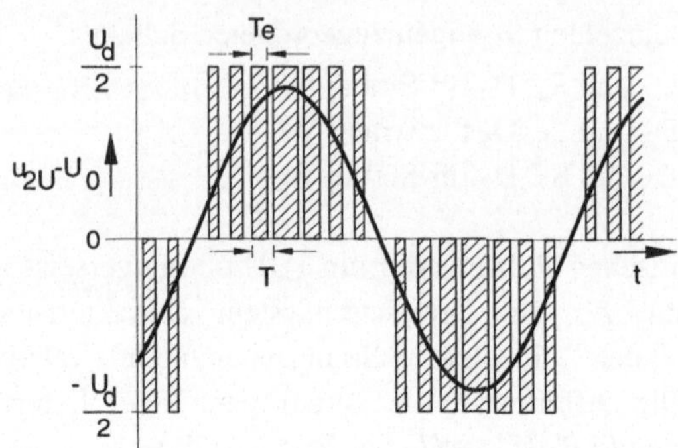

Bild 14.24:
Unterschwingungsverfahren

14.2.3 Gleichstromsteller

Soll eine Gleichstrommaschine aus einer Energiequelle mit konstanter Spannung versorgt werden (z.B. Achsantrieb einer Straßenbahn, Elektrofahrzeug), so läßt sich die n/M – Kennlinie am elegantesten durch Stellen der Motorspannung beeinflussen.

Vorteile:

- geringe zusätzliche Verluste
- n/M – Charakteristik bleibt erhalten
- Drehzahl über sehr großen Bereich einstellbar

Die in den Bildern 14.25a und 14.25b dargestellte Schaltung eines Einquadranten-Gleichstromstellers ist für den Motorbetrieb geeignet und wird eingangsseitig von einer konstanten Gleichspannung U_B gespeist. Die variable Ausgangsspannung U_a wird durch periodisches Öffnen und Schließen des Schalttransistors S eingestellt. Die Glättungsinduktivität L_d führt zu einem Motorgleichstrom I_a mit geringer Welligkeit. Während der Freilaufphase (Schalter S offen) fließt der Strom I_a über die Freilaufdiode FD ($I_a = I_D$). Während der Schaltphase (Schalter S geschlossen) wird der Strom I_a von der Gleichspannungsquelle geliefert ($I_a = I_B$).

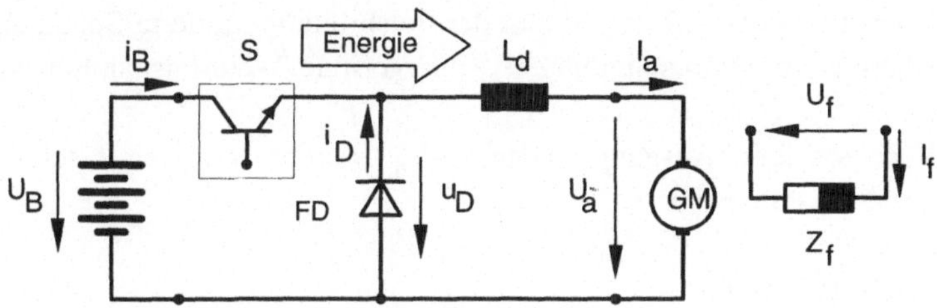

Bild 14.25a:
Einquadrantengleichstromsteller (Motorbetrieb)

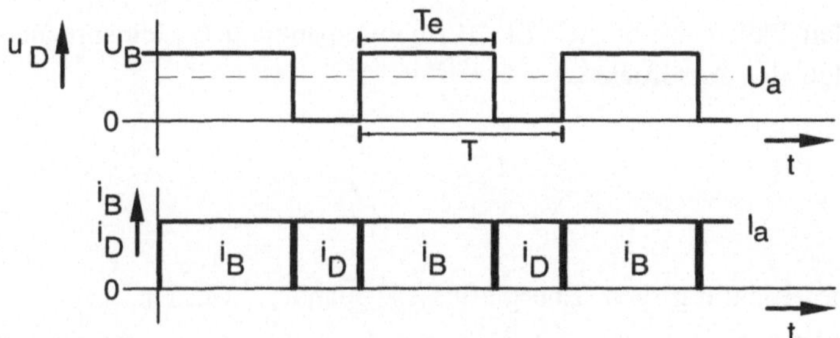

Bild 14.25b:
Einquadrantengleichstromsteller (Motorbetrieb)

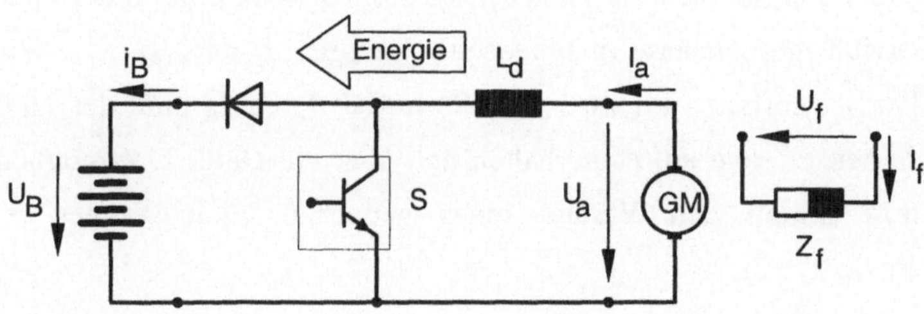

Bild 14.25c:
Einquadrantengleichstromsteller (Generatorbetrieb)

An der Freilaufdiode FD liegt die in der Pulsbreite modulierte Spannung U_D an, während die Motorspannung U_a nur geringe Wechselspannungsanteile enthält.
Zur Variation der Ausgangsspannung U_a werden zwei unterschiedliche Taktverfahren eingesetzt:

Pulsbreitensteuerung:
Konstante Periodendauer T mit variabler Einschaltdauer T_e.

Pulsfolgesteuerung:
Variable Periodendauer T mit konstanter Einschaltdauer T_e.

In beiden Fällen ergibt sich die Ausgangsspannung U_a entsprechend dem nachfolgenden Ausdruck:

$$U_a = U_B \ \frac{T_e}{T}$$

Soll die Richtung des Energieflusses geändert werden, so ist die in Bild 14.25c dargestellte Schaltung eines Einquadranten-Hochsetzstellers geeignet, um auch für $U_a < U_B$ die Richtung des Stromflusses I_a entsprechend dem Generatorbetrieb zu realisieren.
Durch periodisches Schließen des in Querrichtung angeordneten Schalttransistors S ergibt sich ein Ankergleichstrom I_a und eine in der Glättungsinduktivität gespeicherte magnetische Energie $E = 1/2 \ L_d \ I_a^2$. Wird der Schalter S geöffnet, so wird der Stromfluß I_a aufgrund der in L_d gespeicherten Energie aufrechterhalten und über die Diode D ermöglicht. Der Strom i_B nimmt den Verlauf eines gepulsten Gleichstromes mit der Amplitude I_a ein.

14.2.4 Wechselstromsteller

In vielen Haushaltsgeräten und Elektrowerkzeugen werden Wechselstromkommutatormaschinen (Universalmaschinen) mit verstellbarer Drehzahl verwendet. Die Beeinflussung der Drehzahl erfolgt durch Variation der zugeführten Spannungen. Als Schalter findet ein Triac Anwendung (Bild 14.19).

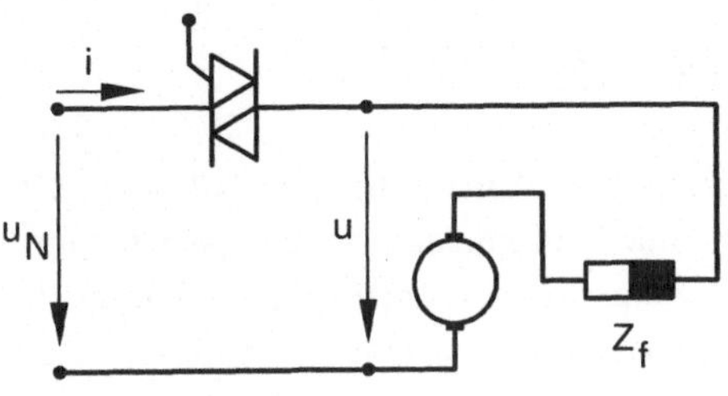

Bild 14.26a:
Wechselstromsteller, Schaltung

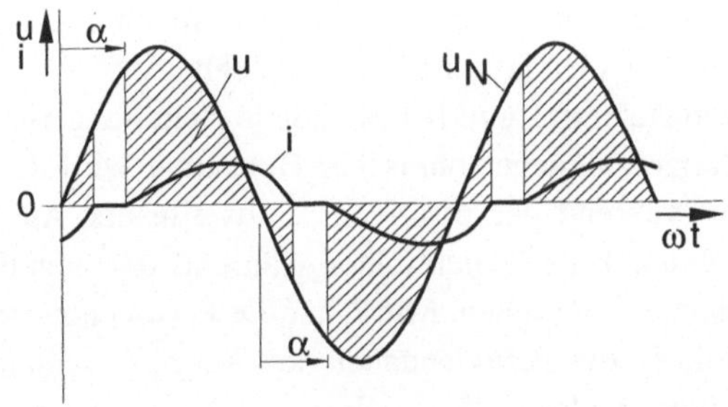

Bild 14.26b:
Wechselstromsteller, Strom- und Spannungsverläufe

Dieses Schaltelement ermöglicht Stromfluß in beiden Richtungen. Das Einschalten erfolgt durch Bereitstellung eines Zündimpulses für jede Halbschwingung, das Ausschalten geschieht selbsttätig durch den natürlichen Stromnulldurchgang. Durch die Wahl des Zündwinkels α kann der Effektivwert der Motorspannung in dem Bereich von 0% – 100% verändert werden. Nachteilig für dieses Steuerverfahren ist der hohe Oberschwingungsgehalt von Spannung und Strom, der zu erhöhten Eisen- und Stromwärmeverlusten führt.

14.2.5 Direktumrichter

Netzgeführte Direktumrichter:

Werden zwei Drehstrombrückenschaltungen antiparallel betrieben, so ist es möglich, nicht nur die Polarität der Ausgangsspannung, sondern auch die Richtung des Ausgangsstromes umzukehren. Diese Eigenschaft ist z.B. wünschenswert, wenn eine von einem Stromrichter gespeiste fremderregte Gleichstrommaschine in beiden Drehrichtungen betrieben werden soll (Vierquadrantenbetrieb einer Gleichstrommaschine). Eine solche Stromrichteranordnung, welche ausgangsseitig eine Spannung mit beiden Polaritäten zur Verfügung stellt, wird als Umkehrstromrichter bezeichnet.
Wird die Ausgangsspannung periodisch mit niedriger Frequenz umgekehrt, erhält man am Ausgang eine einphasige Wechselspannung. Die so betriebene Schaltung wird auch als Direktumrichter bezeichnet.
Die aus den Stromrichtern I und II bestehende Schaltung ist in Bild 14.27b dargestellt. Bei angenommener ohmscher Belastung wird der Stromrichter I als Gleichrichter während der positiven Halbwelle der Ausgangsspannung und der Stromrichter II als Gleichrichter während der negativen Halbwelle der Ausgangsspannung betrieben. Mit T_1 ist die Periodendauer der Eingangsspannung und mit T_2 die Periodendauer der Ausgangsspannung bezeichnet (Bild 14.27a). Wegen der sich ergebenden Kurvenform der Ausgangsspannung bezeichnet man die Schaltung auch als Trapezumrichter.

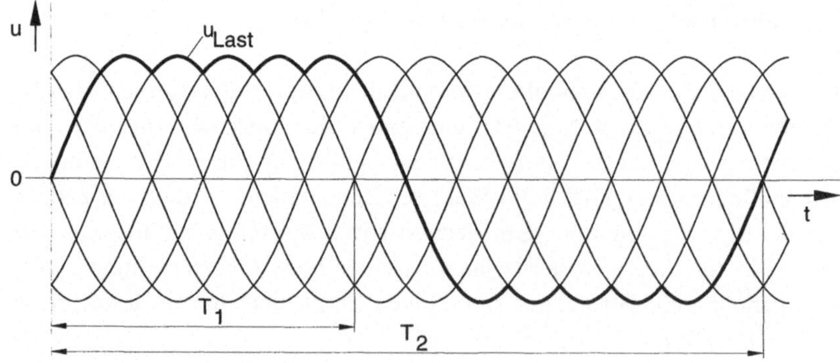

Bild 14.27a:
Direktumrichter (Verlauf der Ausgangsspannung)

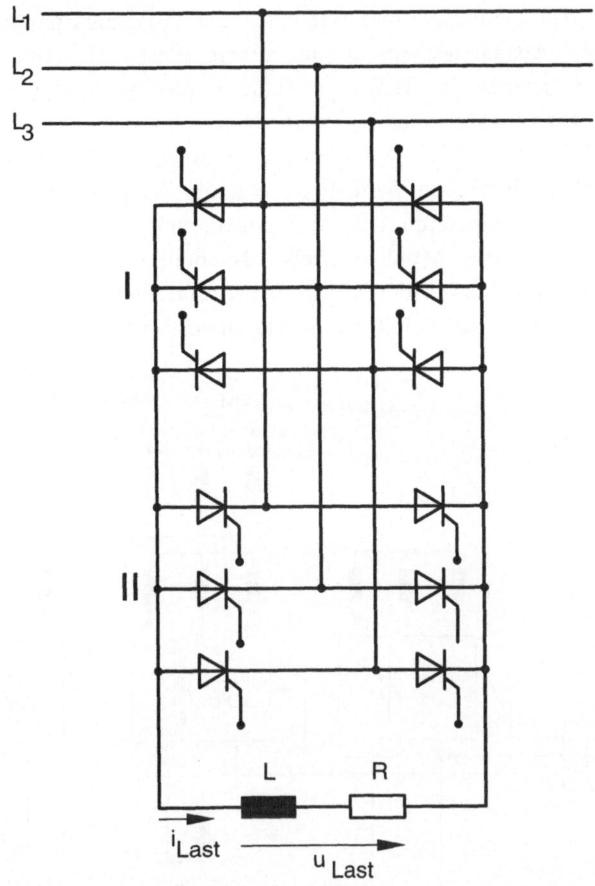

Bild 14.27b:
Direktumrichter (Ausgang: einphasige Wechselspannung)

Direktumrichter für Drehstromantriebe

Werden drei netzgeführte Umkehrstromrichter zusammengefaßt, so bilden sie einen dreiphasigen Direktumrichter, der zur direkten Speisung einer Drehstrommaschine mit variabler Frequenz und Spannung aus dem Drehstromnetz mit konstanter Frequenz geeignet ist (Bild 14.28a). Im Hinblick auf eine

Begrenzung des Oberschwingungsgehaltes der Ausgangsspannung ist die Frequenz der Ausgangsspannung auf einen Wert von etwa 50% der Frequenz der netzseitigen Eingangsspannung begrenzt ($f_{max} \leq 25$ Hz bei einem speisenden 50 Hz – Netz).

Sowohl ASM als auch SM können in allen vier Quadranten der n/M – Kennlinie betrieben werden, da sich die Ausgangsfrequenz bis auf den Wert $f = 0$ reduzieren läßt. Ein Anwendungsbeispiel sind langsam rotierende getriebelose Mühlenantriebe. Nachteilig ist der relativ hohe Aufwand an Halbleiterventilen (3 Umkehrstromrichter zu je 2 gesteuerten Drehstrombrücken ergeben $3 \cdot 2 \cdot 6 = 36$ Halbleiterventile).

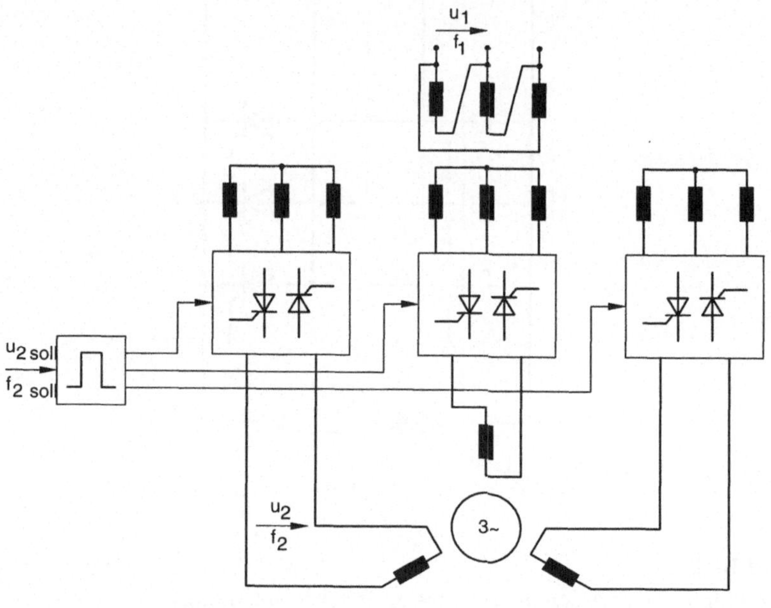

Bild 14.28a:
Dreiphasiger Direktumrichter, Schaltung

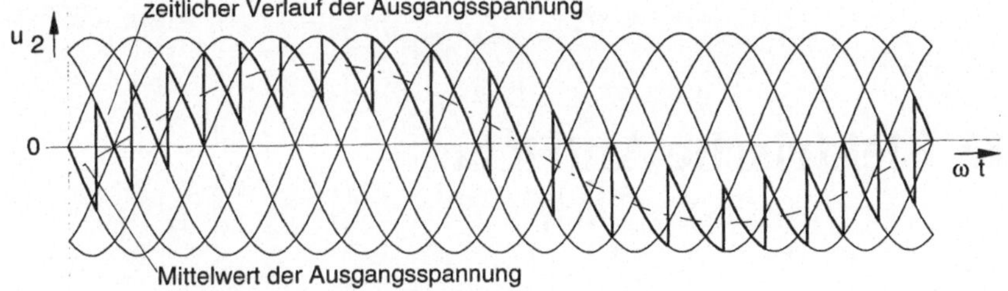

Bild 14.28b:
Dreiphasiger Direktumrichter, Spannungsverläufe

15 Elektrische Antriebe

15.1 Aufbau eines Antriebes

Mit Antrieb wird eine Anwendung bestehend aus einem Motor und einer Arbeitsmaschine bezeichnet. Beide Maschinen sind entweder direkt oder aber über ein Getriebe miteinander gekoppelt (Bild 15.1). Grundsätzlich sind zwei unterschiedliche Betriebszustände zu betrachten:

Stationärer Betrieb:

Die Drehzahl n bzw. die Winkelgeschwindigkeit Ω sind konstant; das Beschleunigungsmoment M_B ist Null, Antriebsmoment und Widerstandsmoment entsprechen einander:

$$M + M_W = 0$$

Nichtstationärer Betrieb:

Die Drehzahl bzw. Winkelgeschwindigkeit ist nicht konstant und führt aufgrund des Trägheitsmomentes J zu einem Beschleunigungsmoment M_B:

$$M + M_W = M_B = J \frac{\mathrm{d}\Omega}{\mathrm{d}t}$$

Ist das Antriebsmoment M größer als das entgegenwirkende Widerstandsmoment M_W, wird die Drehzahl zunehmen. Ist M kleiner, so wird sie abnehmen.

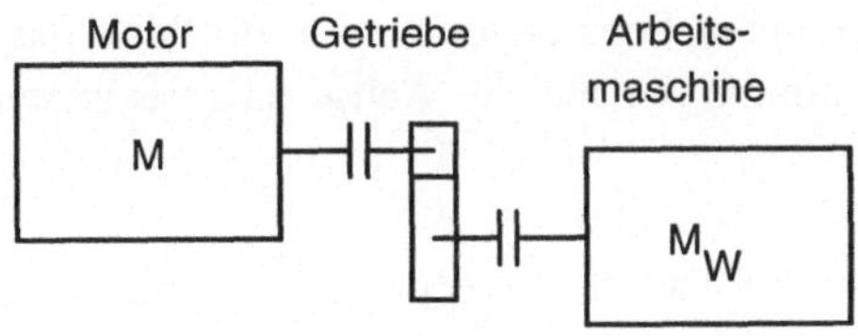

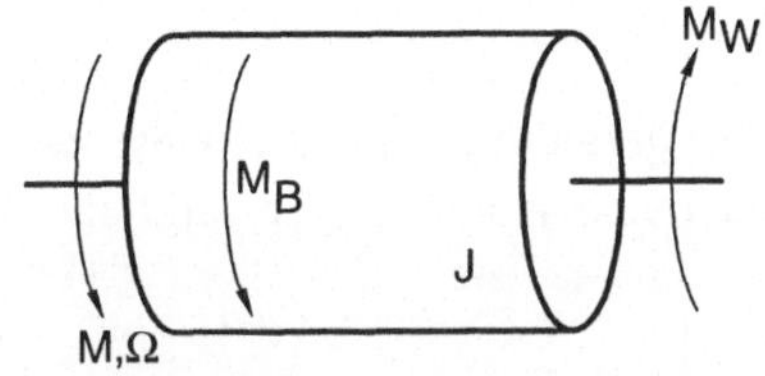

M : Antriebsmoment
M_B : Beschleunigungsmoment
M_W : Widerstandsmoment
J : Trägheitsmoment

Bild 15.1:
Prinzipieller Aufbau eines Antriebes

Das Trägheitsmoment J einer rotierenden Schwungmasse ist aus der in einem Punkt vereinigten Gesamtmasse m, die im Abstand r_T von der Wellenachse rotiert, zu ermitteln:

Trägheitsmoment: $$J = m r_T^2$$

Wird die Masse m aus dem Gewicht $G = m g$ abgeleitet und anstelle des Trägheitsradius r_T der Trägheitsdurchmesser $D_T = 2 r_T$ eingeführt, so erhält man

$$J = \frac{G D_T^2}{4 g}$$

Bei mehreren beteiligten Schwungmassen ergibt sich das Gesamtträgheitsmoment aus der Summe der auf die Achse umgerechneten Einzelträgheitsmomente.

Ein Getriebe ist durch folgende Umrechnung zu berücksichtigen

$$J = J_1 \left(\frac{n_1}{n} \right)^2$$

Die Umrechnung einer geradlinig mit der Geschwindigkeit v bewegten Masse m auf eine rotierende Anordnung erfolgt mit Hilfe einer Energiebetrachtung:

$$\frac{1}{2} m v^2 = \frac{1}{2} J \, \Omega^2$$

Die kinetische Energie einer geradlinig mit der Geschwindigkeit v bewegten Masse m entspricht der Rotationsenergie einer mit Ω rotierenden Schwungmasse des Trägheitsmomentes J .

15.2 Antriebsmoment, Motorkennlinien

Elektrische Maschinen lassen sich mit drei unterschiedlichen Charakteristiken der Drehmoment-Drehzahl-Kennlinie beschreiben.

Die Synchronmaschine liefert unterhalb des Kippmomentes eine von der Belastung unabhängige konstante Drehzahl.

Die GS-Nebenschlußmaschine sowie die ASM (Belastung nicht wesentlich höher als Nennmoment) zeigen einen mit zunehmendem Moment linearen Abfall der Drehzahl (Nebenschlußkennlinie).

Die GS-Reihenschlußmaschine schließlich zeigt eine stark nichtlineare Abhängigkeit der Drehzahl von dem Drehmoment.

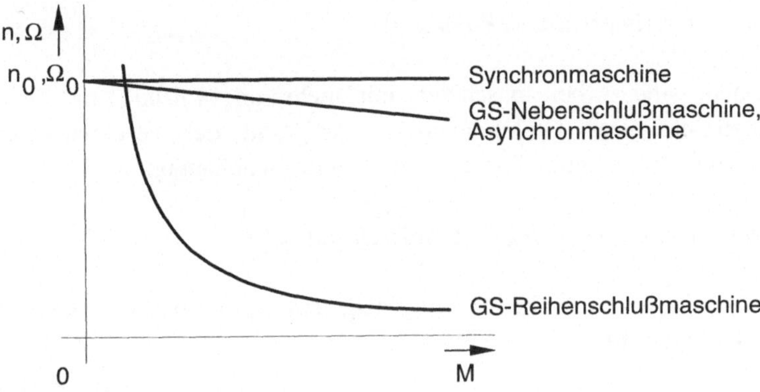

Bild 15.2:
Motorkennlinien

15.3 Widerstandsmoment, Lastkennlinien

Die Drehzahl-Drehmoment-Charakteristik der Arbeitsmaschinen ist vielfältig und soll im folgenden nur im Hinblick auf den jeweils prinzipiellen Verlauf angegeben werden (Bild 15.3).

a) Hebezeuge, Aufzüge, Winden:

Das Drehmoment ist proportional der zu hebenden Masse und aufgrund der geringen Geschwindigkeit drehzahlunabhängig.

b) Mühlen, Fließbänder, Walzwerke, Werkzeugmaschinen:

Diese Einrichtungen erfordern Arbeitsmaschinen mit reiner Reibungs- bzw. Formänderungsarbeit (ggf. erhöhter Wert durch Losbrechmoment bei kleinen Drehzahlen).

c) Papier-, Textilmaschinen (Kalander):

Kalander sind Arbeitsmaschinen mit mehreren Walzen zum Pressen, Glätten etc. Das Drehmoment ist aufgrund der geschwindigkeitsproportionalen Reibung linear von der Drehzahl abhängig.

d) Lüfter, Pumpen, Zentrifugen, Schiffsschrauben:

Die Gas- bzw. Flüssigkeitsreibung zeigt eine quadratische Abhängigkeit von der Drehzahl.

e) Fahrzeuge, Förderanlagen mit hoher Geschwindigkeit:

Überlagerung von konstanten und quadratisch von der Drehzahl abhängigen Momentenanteilen.

f) Plandreh-, Rundschälmaschinen, Wickelmaschinen, Haspeln:

Die Bearbeitung erfolgt mit konstantem Produkt aus Schnittkraft und Schnittgeschwindigkeit, d.h. mit konstanter Leistung.

g) Walzstraßen, Fördermaschinen, automatisch gesteuerte Werkzeugmaschinen:

Das Widerstandsmoment bildet eine in Intervallen auftretende Zeitfunktion $M_W(t)$.

h) Kolbenmaschinen:

Das Widerstandsmoment bildet eine periodische, vom Drehwinkel α abhängige Zeitfunktion. Der Antriebsmotor entnimmt dem Netz eine pulsierende Leistung, Synchronmaschinen können zu Pendelungen angeregt werden.

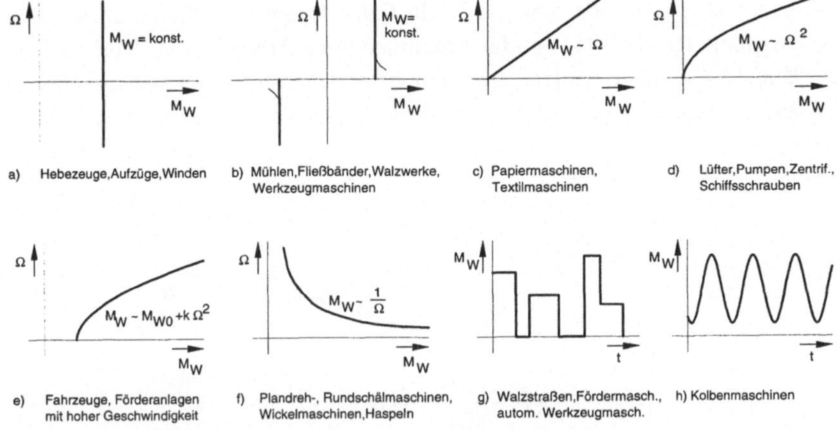

Bild 15.3:
Kennlinien unterschiedlicher Arbeitsmaschinen

15.4 Stationärer Betrieb

Der stationäre Betriebspunkt eines Antriebes ist durch den Schnittpunkt der M/n – Kennlinien von Motor und Arbeitsmaschine gekennzeichnet.

Stationärer Arbeitspunkt: $$M = -M_W$$

Hierbei sind stabile und instabile Arbeitspunkte voneinander zu unterscheiden. Stabil ist ein Antrieb dann, wenn bei einer virtuellen Drehzahlerhöhung entsprechend $+\Delta\Omega$ das Widerstandsmoment M_W größer ist als das Motormoment M, d.h. einer Drehzahlerhöhung entgegengewirkt wird. Entsprechendes gilt für eine virtuelle Drehzahlverringerung $-\Delta\Omega$. Wenn das Motormoment M größer ist als das Widerstandsmoment M_W, wird einer Drehzahlverringerung entgegengewirkt. Allgemeiner formuliert folgt für die Stabilitätsbedingung in einem Arbeitspunkt:

Stabilität: $$\frac{\Delta M - \Delta M_W}{\Delta\Omega} < 0$$

Bild 15.4 zeigt den prinzipiellen Verlauf der Kennlinien für einen stabilen Arbeitspunkt (Bild 15.4a) und für einen instabilen Arbeitspunkt (Bild 15.4b). In Bild 15.4 sind Beispiele für stabile und instabile Betriebspunkte in Zusammenhang mit der M/n – Kennlinie einer Asynchronmaschine dargestellt.

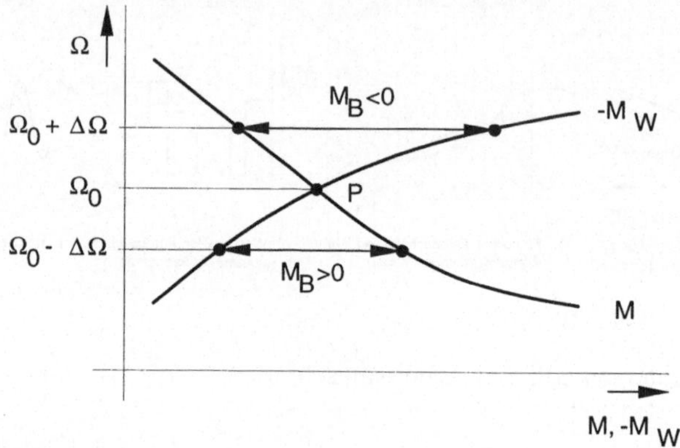

Bild 15.4a:
Stabiler Betriebspunkt

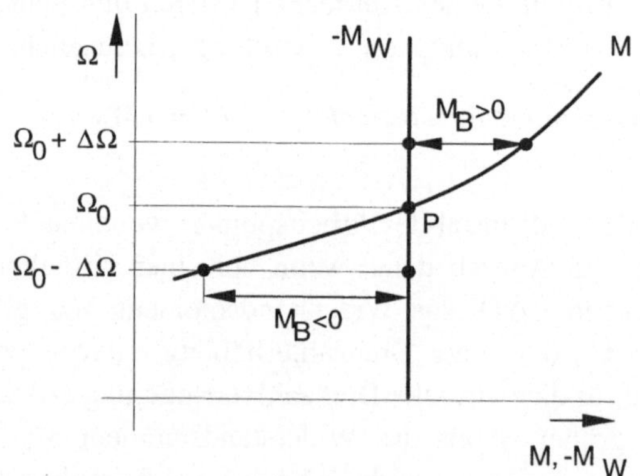

Bild 15.4b:
Instabiler Betriebspunkt

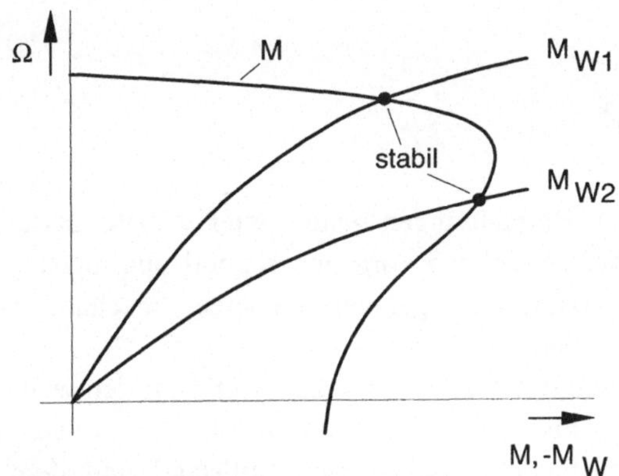

Bild 15.5a:
Stabile Betriebspunkte (ASM)

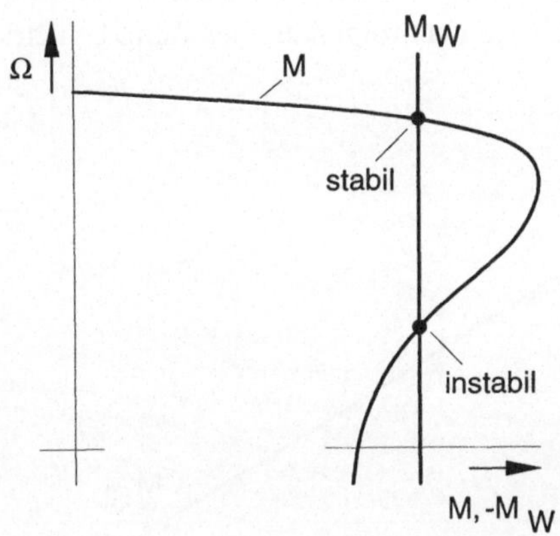

Bild 15.5b:
Instabiler Betriebspunkt (ASM)

15.5 Anlauf

Die nachfolgenden Betrachtungen gelten unter der Voraussetzung, daß die elektrodynamischen Ausgleichsvorgänge schnell abklingen gegenüber den durch die Schwungmasse gekennzeichneten mechanischen Abläufen (Schwungmassenanlauf).
Der Drehzahlbereich des Anlaufes erstreckt sich über den weiten Bereich von $n = 0$ (Stillstand) bis $n = n_A$ (Arbeitspunkt). Ein Anlauf ist nur dann möglich, wenn für jede zwischen dem Stillstand und dem Arbeitspunkt liegende Drehzahl das Beschleunigungsmoment $M_B > 0$ ist. Das Antriebsmoment M des Motors muß somit stets größer sein als das Widerstandsmoment $-M_W$ der Arbeitsmaschine.
Im folgenden soll am Beispiel einer Gleichstromnebenschlußmaschine die grundsätzliche Vorgehensweise zur Ermittlung des Anlaufverhaltens betrachtet werden. Zur Vereinfachung soll $M_W = 0$ angenommen werden. Die Drehmoment-Drehzahl-Kennlinie einer Gleichstrommaschine wird entsprechend Bild 15.6 durch die nachfolgende Gleichung beschrieben.

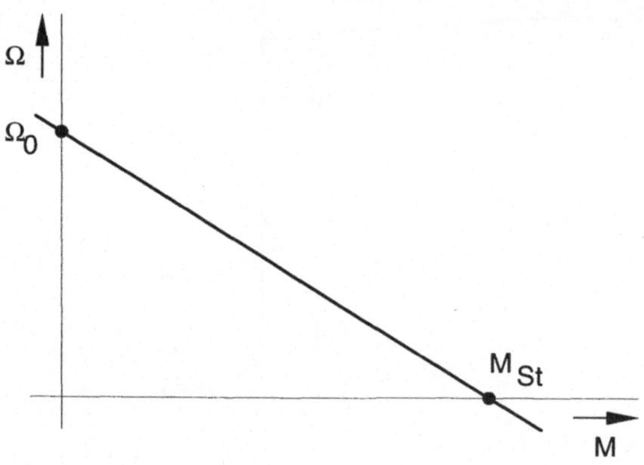

Bild 15.6:
Kennlinie Gleichstromnebenschlußmotor

GS-Nebenschlußmaschine: $$\frac{M}{M_{St}} = 1 - \frac{\Omega}{\Omega_{St}}$$

Für das Beschleunigungsmoment gilt:

Beschleunigungsmoment für $M_W = 0$: $$M_B = M = J\frac{\mathrm{d}\,\Omega}{\mathrm{d}\,t}$$

Hieraus folgt die Differentialgleichung:

$$J\frac{\mathrm{d}\,\Omega}{\mathrm{d}\,t} = M = M_{St}\left(1 - \frac{\Omega}{\Omega_0}\right)$$

$$\frac{J\,\Omega_0}{M_{St}}\frac{\mathrm{d}\,\Omega}{\mathrm{d}\,t} = \Omega_0 - \Omega$$

$$T_m\frac{\mathrm{d}\,\Omega}{\mathrm{d}\,t} = \Omega_0 - \Omega$$

Die spezielle Lösung dieser Differentialgleichung mit der Anfangsbedingung $\Omega(t=0)=0$ lautet

$$\Omega(t) = \Omega_0\left(1 - e^{-\frac{t}{T_m}}\right)$$

Durch Einsetzen ergibt sich der Verlauf des Drehmomentes zu

$$M(t) = M_{St}\,e^{-\frac{t}{T_m}}$$

Die Verläufe von bezogener Winkelgeschwindigkeit und bezogenem Drehmoment sind in Bild 15.7 dargestellt. Ausgehend von dem maximalen Anlaufmoment M_{St} nimmt das beschleunigende Motormoment mit zunehmender Drehzahl ab. Nach einer Anlaufzeit von $3 \cdot T_m$ sind 95% der Leerlaufdrehzahl ($\Omega = 0{,}95 \cdot \Omega_0$) erreicht.

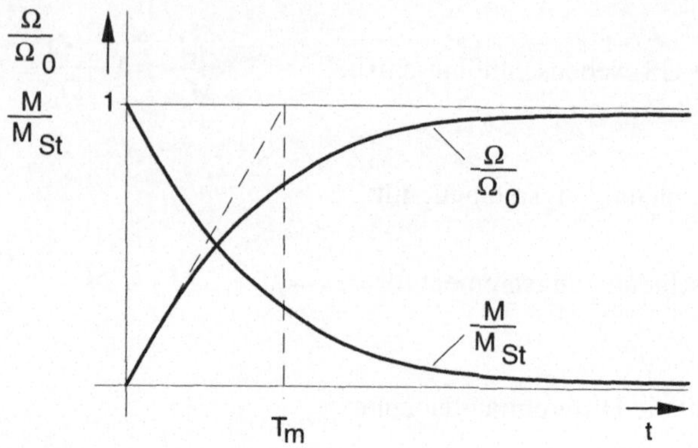

Bild 15.7:
Schwungmassenanlauf (GS-Nebenschlußmaschine)

15.6 Nennbetriebsarten

Auf dem Leistungsschild einer Maschine sollten die Nennbetriebsarten angegeben sein. Fehlen diese Angaben, so gelten die angegebenen Daten für Dauerbetrieb. Das thermische Verhalten der Maschinen ist durch die thermische Erwärmungszeitkonstante T_e gekennzeichnet. T_e ist von Bauart und Kühlungsart abhängig:

Kleine geschlossene Maschinen: $T_e \approx 30\,\text{min}$
Durchzugbelüftete Maschinen: $T_e \approx 50 \ldots 70\,\text{min}$
Oberflächengekühlte Maschinen: $T_e \approx 80 \ldots 120\,\text{min}$

Je nach Bauart kann die Abkühlungszeitkonstante T_a ein Vielfaches von T_e betragen.

Von den in den Bestimmungen

"Elektrische VDE 0530, Teil 1 (11.72), Abschnitt 4"

aufgeführten Betriebsarten sollen nachfolgend drei Betriebsarten prinzipiell erläutert werden.

Dauerbetrieb (S1):

„Dauerbetrieb liegt vor, wenn bei konstanter Belastung der thermische Beharrungszustand erreicht wird."

Aufgrund der großen Erwärmungszeitkonstanten ist im allgemeinen ein mehrstündiger Betrieb erforderlich. Mit gleichbleibender Last durchlaufende Antriebe sind Lüfter, Kesselspeisewasserpumpen und Papiermaschinen. Erfolgt die Belastung mit Nennlast P_N, so führen die Nennverluste P_{VN} zu einer Endtemperatur, die der zulässigen Höchsttemperatur entspricht (Bild 15.8).

Kurzzeitbetrieb (S2):

Nach VDE 0530 ist dies

„ein Betrieb mit konstantem Belastungszustand, der aber nicht so lange dauert, daß der thermische Beharrungszustand erreicht wird, und einer nachfolgenden Pause, die so lange besteht, bis die Maschinentemperatur nicht mehr als 2K von der Kühlmitteltemperatur abweicht, die Maschine also praktisch wieder vollständig abkühlt."

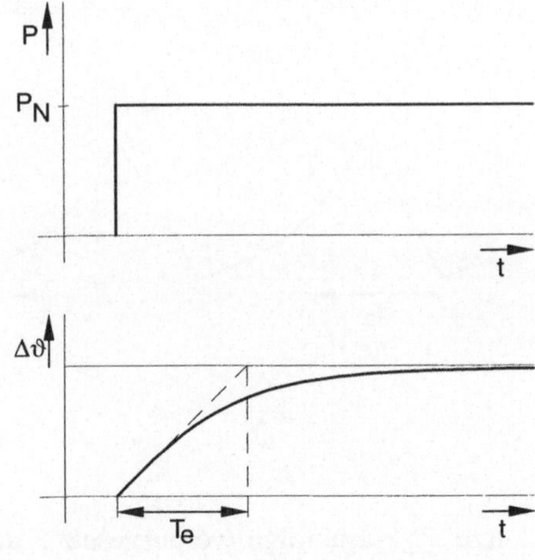

Bild 15.8:
Dauerbetrieb S1

Ist eine Maschine für Dauerbetrieb ausgelegt, so erreicht sie im Kurzzeitbetrieb nicht die zulässige Höchsttemperatur. Während des Kurzzeitbetriebes ist daher eine Überlastung möglich (Bild 15.9).

Aussetzbetrieb (S3):

Nach VDE 0530 ist dies

„ein Betrieb, der sich aus einer Folge gleichartiger Spiele zusammensetzt, von denen jedes eine Zeit mit konstanter Belastung und eine Pause umfaßt, wobei der Anlaufstrom die Erwärmung nicht merklich beeinflußt."

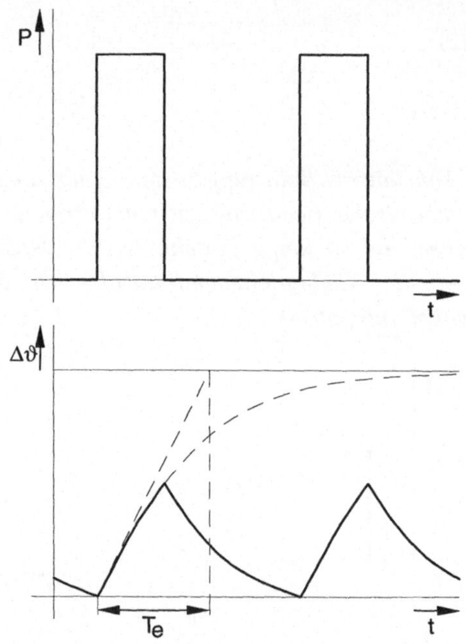

Bild 15.9:
Kurzzeitbetrieb S2

Es wird eine so kurze Zyklusabfolge vorausgesetzt, daß der jeweilige thermische Beharrungszustand nicht erreicht wird (Bild 15.10). Die VDE-Bestimmungen empfehlen eine relative Einschaltdauer $t_r = t_B / t_s$ von 15, 25, 40 und 60%. Die Angabe von z.B. $S3 - 40\%$ bedeutet:

Bei einer Spieldauer von $t_s = 10\,\text{min}$ darf der Motor $4\,\text{min}$ mit Nennlast betrieben werden, um anschließend $6\,\text{min}$ abgeschaltet zu werden. Im eingeschwungenen Zustand pendelt die Temperatur nach Art einer Sägezahnkurve zwischen jeweils konstantem Höchst- und Tiefstwert.

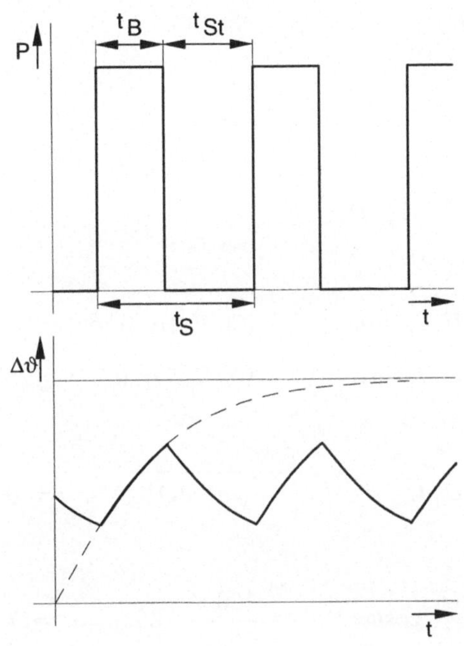

Bild 15.10:
Aussetzbetrieb S3

Lösungen

Lösung zu Aufgabe 1:

$$P = U_1 I_1 \cos\varphi \qquad = 100\,\text{V} \cdot 5\text{A} \cdot 0{,}866 \quad = 433\,\text{W}$$

$$Q = U_1 I_1 \sin\varphi \qquad = 100\,\text{V} \cdot 5\,\text{A} \cdot 0{,}5 \quad = 250\,\text{W}$$

$$S = U_1 I_1 \qquad = \sqrt{P^2 + Q^2} \qquad = 500\,\text{W}$$

$$R = \frac{U_1}{I_1}\cos\varphi \qquad = \frac{100\,\text{V}}{5\,\text{A}}\,0{,}866 \qquad = 17{,}32\,\Omega$$

$$\text{j}X = \text{j}\,\frac{U_1}{I_1}\sin\varphi \qquad = \text{j}\cdot\frac{100\,\text{V}}{5\,\text{A}}\cdot 0{,}5 \qquad = \text{j}\cdot 10\,\Omega$$

$$Z = \sqrt{R^2 + X^2} \qquad = 20\,\Omega$$

$$\underline{U}_R = R\underline{I} \qquad = 17{,}32\,\Omega \cdot 5 \cdot e^{-\text{j}30^\circ}\,\text{A} = 86{,}6 \cdot e^{-\text{j}30^\circ}\,\text{V}$$

$$\underline{U}_x = \text{j}X\underline{I} \qquad = \text{j}\cdot 10\,\Omega \cdot 5 \cdot e^{-\text{j}30^\circ}\,\text{A} \quad = \text{j}\cdot 50 \cdot e^{-\text{j}30^\circ}\,\text{V}$$

$$= e^{\text{j}90^\circ} \cdot 50 \cdot e^{-\text{j}30^\circ}\,\text{V} \qquad = 50 \cdot e^{\text{j}60^\circ}\,\text{V}$$

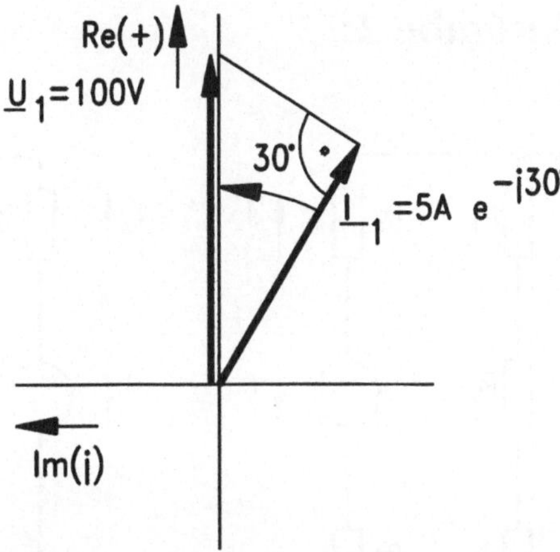

Zeigerdiagramm von Spannung $\underline{U}_1$ und Strom $\underline{I}_1$

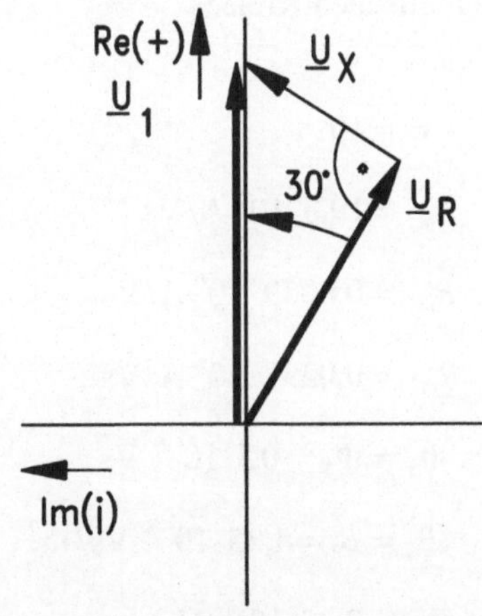

Zeigerdiagramm der Teilspannungen $\underline{U}_R$, $\underline{U}_X$

Lösung zu Aufgabe 2:

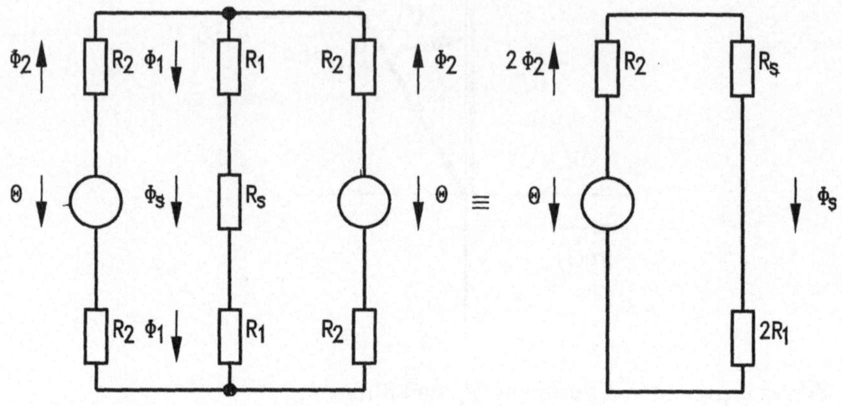

Ersatzschaltbild des magnetischen Kreises

$$\Theta = 10\ \text{A}$$

$$R_{ms} = 19{,}8 \cdot 10^6\ \text{A/Vs}$$

$$R_{m1} = 0{,}0059 \cdot 10^6\ \text{A/Vs}$$

$$R_{m2} = 0{,}0397 \cdot 10^6\ \text{A/Vs}$$

$$\Phi_s = \Phi_1 = 0{,}5 \cdot 10^{-6}\ \text{Vs}$$

$$B_s = B_1 = 1{,}25 \cdot 10^{-3}\ \text{Vs/m}^2$$

$$\Phi_2 = 0{,}25 \cdot 10^{-6}\ \text{Vs}$$

$$B_2 = 1{,}25 \cdot 10^{-3}\ \text{Vs/m}^2$$

$$H_1 = 9{,}9 \cdot 10^{-2}\ \text{A/m}$$

$$H_s = 1000\ \text{A/m}$$

Lösung zu Aufgabe 3:

a)

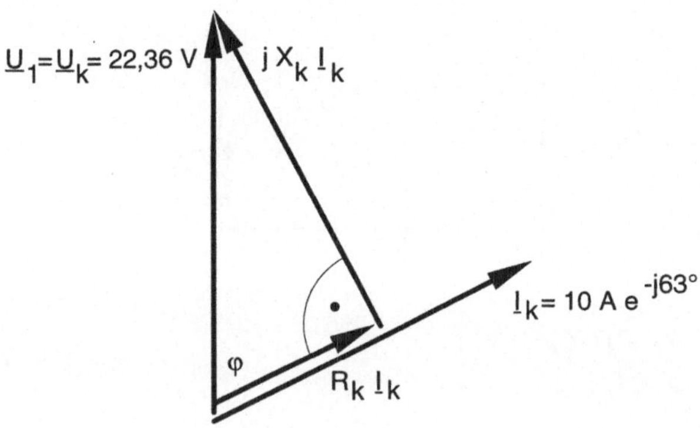

b)

$$Z_K = \frac{U_K}{I_k} = \frac{22{,}36\ \text{V}}{10\ \text{A}} = 2{,}236\ \Omega$$

$$\underline{Z_K} = \frac{\underline{U}_K}{\underline{I}_K} = \frac{U_K}{I_K\, e^{-\text{j}63°}} = \frac{U_K}{I_K} e^{\text{j}63°} = \frac{U_k}{I_K}(\cos 63° + \text{j}\,\sin 63°)$$

$$= \text{Re}\left\{\frac{U_K}{I_K}\right\} + \text{j}\ \text{Im}\left\{\frac{U_K}{I_K}\right\} = R_K + \text{j}\ X_K$$

$$R_K = \frac{U_K}{I_K}\ \cos 63° = 2{,}236\ \Omega \cdot 0{,}454 = 1\ \Omega$$

$$X_K = \frac{U_K}{I_K}\ \sin 63° = 2{,}236\ \Omega \cdot 0{,}891 = 2\ \Omega$$

c)

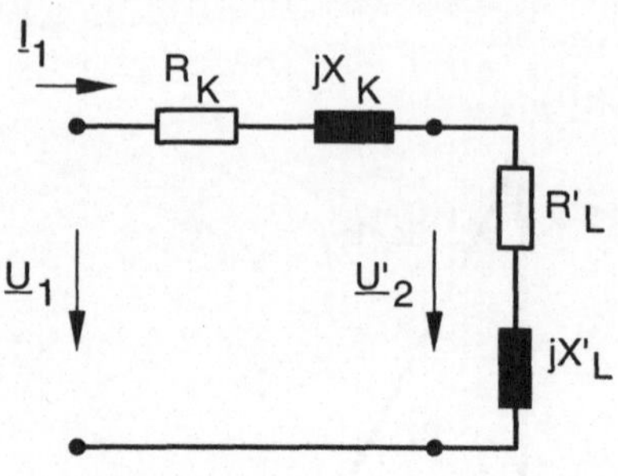

$$\underline{Z} = R_K + R_L + \mathrm{j}(X_K + X_L)$$

$$Z = \sqrt{(R_K + R_L)^2 + (X_K + X_L)^2} = \sqrt{(1+19)^2 + (2+8)^2}\ \Omega = 22{,}36\,\Omega$$

$$I_1 = \frac{U_1}{Z} = \frac{220\text{ V}}{22{,}36\,\Omega} = 9{,}84\text{ A}$$

$$\varphi_I = \arctan\left(\frac{X_K + X_L}{R_K + R_L}\right) = \arctan\left(\frac{2+8}{1+19}\right) = \arctan(0{,}5) \Rightarrow \varphi_I = 26{,}6°$$

$$\underline{I_1} = I_1 \cdot e^{-\mathrm{j}26{,}6°}$$

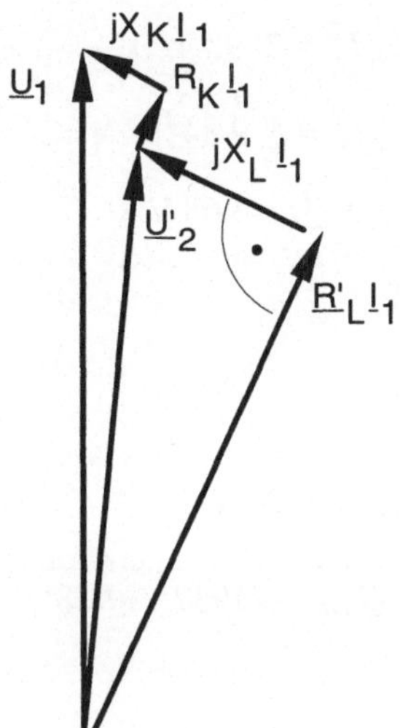

Zeigerdiagramm der Spannungen und Ströme

d)

$$\underline{U_2} = \underline{Z_L} \cdot \underline{I_1} = Z_L\, e^{j\varphi_L} \cdot I_1\, e^{-j\varphi_I} = Z_L\, I_1\, e^{-j(\varphi_I - \varphi_L)}$$

$$\varphi_L = \arctan\left(\frac{X_L}{R_L}\right) = 22{,}8°, \qquad Z_L I_1 = 203 \text{ V}$$

$$\underline{U_2} = 203 \cdot e^{-j3{,}7°} \text{ V}$$

$$P_{v,Trafo} = R_K I_1^2 = 1\,\Omega \cdot 9{,}84^2 \text{ A}^2 = 96{,}8 \text{ W}$$

$$P_L = R_L I_1^2 = 19\,\Omega \cdot 9{,}84^2 \text{ A}^2 = 1840 \text{ W}$$

$$P_{ges} = P_{v,Trafo} + P_L = 1937 \text{ W}$$

$$Q_K = X_K I_1^2 = 2 \cdot 9{,}84^2 \ \text{VA} = 193{,}7 \ \text{VA}$$

$$Q_L = X_L I_1^2 = 8 \cdot 9{,}84^2 \ \text{VA} = 774{,}6 \ \text{VA}$$

$$Q_{ges} = Q_K + Q_L = 968 \ \text{VA}$$

Kontrolle:

$$S = U_1 I_1 = 220 \ \text{V} \cdot 9{,}84 \ \text{A} = 2165 \ \text{VA}$$

$$= \sqrt{P_{ges}^2 + Q_{ges}^2} = \sqrt{1937^2 + 968^2} = 2165 \ \text{VA}$$

Lösung zu Aufgabe 4:

a)

$$\underline{U}_a = R \cdot \underline{I}_a + \mathrm{j} X \cdot \underline{I}_a + \underline{U}_i$$

$$U_i = M_d' \cdot I_a \cdot \Omega$$

b)

$$U_a = 62{,}7 \ \text{V}$$

$$M_d' = 9{,}7 \cdot 10^{-3} \ \text{Vs/A}$$

c)

$$f = 100\,\mathrm{Hz}$$

$$M_{\max} = 0{,}31\,\mathrm{Nm}$$

$$\overline{M} = 0{,}155\,\mathrm{Nm}$$

$$\eta = 0{,}503$$

d)

$$I_a = 4\ \mathrm{A}$$

$$U_a = 40{,}31\,\mathrm{V}$$

$$\eta = 0{,}503$$

Lösung zu Aufgabe 5:

a)

$$p = 6$$

$$I_K = 10\ \mathrm{A}$$

b)

$$U_S = 220 \text{ V}$$

untererregter Betrieb,

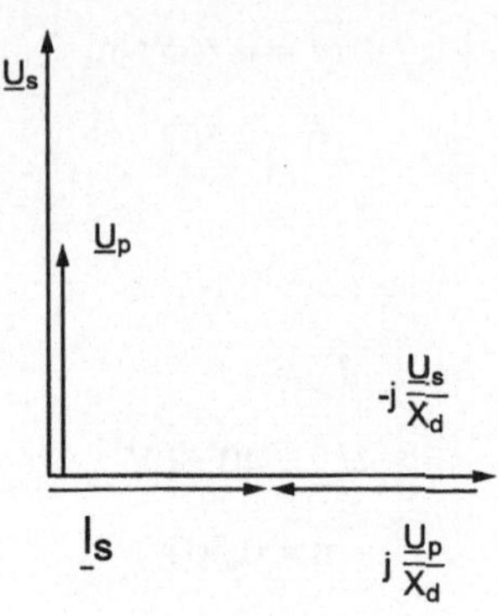

$$I_S = 10 \text{ A}$$

$$I_f^* = 2 \cdot I_f$$

c)

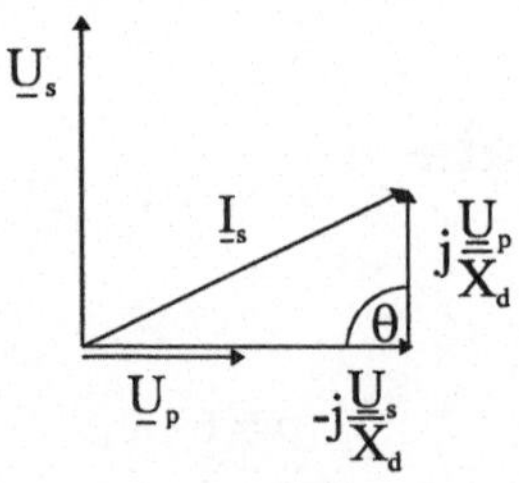

$$M_K = 126 \text{ Nm}$$

Die Maschine kann praktisch nicht im Kippunkt betrieben werden !

d)

$$\Theta = 30°$$

$$I_{sw} = 10 \text{ A}$$

$$I_{sb} = 2{,}68 \text{ A}$$

$$\cos\varphi = 0{,}966$$

Lösung zu Aufgabe 6:

$$f = 16\tfrac{2}{3} \text{ Hz}$$

$$X_d = 0{,}871\,\Omega$$

$$X_{d\,50} = 2{,}61\,\Omega$$

$I_f = 0$:

$$I_s = 84{,}2 \text{ A}$$

reiner Blindstrom

nein, da $U_p = 0$

$I_f = I_{fN}$:

$$U_p = 329 \text{ V}$$

$$I_{sw} = 70{,}9 \text{ A}$$

$$I_{sb} = 19{,}9 \text{ A}$$

$$\cos\varphi = 0{,}96$$

$$\Theta = 34{,}2°$$

übererregt.

Lösung zu Aufgabe 7:

Ja, da $M_{mech\,A\,Stern} = 2{,}66 \text{ Nm}$.

Lösung zu Aufgabe 8:

a)

$$n_s = 1000 \,\text{min}^{-1}$$

$$n_N = 970 \,\text{min}^{-1}$$

b)

$$M_{mech\,N} = 197\,\text{Nm}$$

c)

$$M_{mech\,K} = 585\,\text{Nm}$$

$$M_{mech\,A} = 197\,\text{Nm}$$

d)

$$M_L = 98{,}5\,\text{Nm} < M_{mech\,A}\text{, d.h. Anlauf ist möglich.}$$

e)

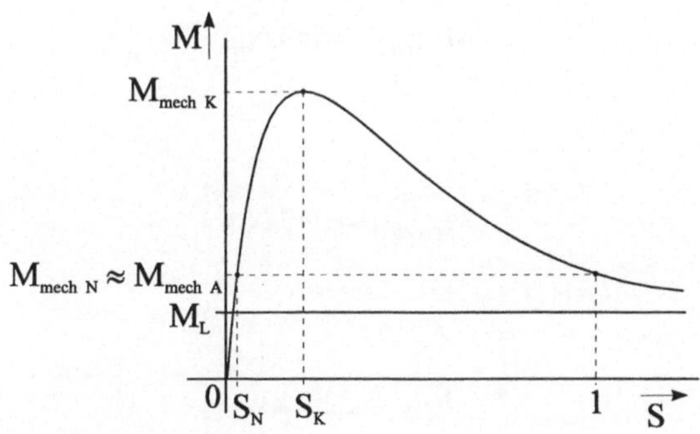

f)

$$n_G = 985\,\text{min}^{-1}$$

g)

Bremsbetrieb

h)

$$M_{mech\,A\,Stern} = 65{,}5\,\text{Nm} < 98{,}5\,\text{Nm}\text{, d.h. kein Anlauf möglich.}$$

Lösung zu Aufgabe 9:

a)

$$n_s = 1500\,\text{min}^{-1}$$

b)

$$s_K = 23{,}5\,\%$$

$$n_K = 1147\,\text{min}^{-1}$$

c)

$$M_{mech\,K} = 544\,\text{Nm}$$

d)

$$M_{mech\,A} = 242\,\text{Nm}$$

e)

$$P_{\delta\,N} = 22{,}9\,\text{kW}$$

f)

$$M_{mech\,N} = 146\,\text{Nm}$$

g)

$$s_N = 3{,}9\,\%$$

$$n_N = 1441\,\text{min}^{-1}$$

Lösung zu Aufgabe 10:

a)

$$p = 3$$

$$s_N = 3{,}5\,\%$$

$$U_S = 380\,\mathrm{V}$$

$$I_S = 48{,}8\,\mathrm{A}$$

b)

$$P_\delta = 46{,}6\,\mathrm{kW}$$

$$P_{v\,r\,N} = 1{,}63\,\mathrm{kW}$$

$$\cos\varphi_N = 0{,}837$$

$$\eta_N = 96{,}5\,\%$$

c)

$$M_{mech\,A\,100} = 680\,\mathrm{Nm}$$

$$M_{mech\,N} = 445\,\mathrm{Nm}$$

$$s_K = 23{,}5\,\%$$

$$M_{mech\,K} = 1527\,\mathrm{Nm}$$

Literaturverzeichnis

Busch, R.: Elektrotechnik und Elektronik, 2. Aufl., Teubner, Stuttgart, 1996

Eckhardt, H.: Grundzüge der elektrischen Maschinen, Teubner Studienbücher, Stuttgart, 1982

Flegel / Birnstiel / Nerreter: Elektrotechnik für den Maschinenbauer, 7. Aufl., Hanser Verlag, München, 1993

Fischer, R.: Elektrische Maschinen, 8. Aufl., Hanser Verlag, München 1992

Fricke / Vaske: Elektrische Netzwerke, 17. Aufl., Teubner, Stuttgart, 1982

Hagmann, G.: Leistungselektronik Grundlagen und Anwendung, AULA Verlag, Wiesbaden, 1993

Heumann, K.: Grundlagen der Leistungselektronik, 6. Aufl., Teubner, Stuttgart, 1996

Jäger, R.: Leistungselektronik, 4. Aufl., vde-verlag, Berlin, 1993

Janocha, H.: Aktoren Grundlagen und Anwendung, Springer Verlag, Berlin / Heidelberg, 1992

Lappe, R.: Handbuch Leistungselektronik, 5. Aufl., Verlag Technik, Berlin, 1994

Moeller / Frohne / Löcherer / Müller: Grundlagen der Elektrotechnik, 18. Aufl., Teubner, Stuttgart, 1996

Stölting / Beisse: Elektrische Kleinmaschinen, Teubner Studienbücher, Stuttgart, 1987

Weh, H.: Elektromechanische Energiewandlung, Vorlesungsmanuskript, IEM-TU-BS, 1991

Sachverzeichnis